Linux 平台与运维

主　编　曾　斌　王成敏
副主编　萧　巍　黄飞翔
　　　　谢　麟　刘　鹏

北京理工大学出版社
BEIJING INSTITUTE OF TECHNOLOGY PRESS

内 容 简 介

本书基于任务驱动的教学模式，紧扣全国网络系统管理大赛最新大纲。全书分为 13 个大项目、多个任务，结构清晰、内容丰富、通俗易懂、实例众多。本书包含 Linux 简介与安装，Linux 操作系统，管理用户、用户组和用户权限，本地存储管理，网络配置与安装源管理，服务器安全基础与日常维护，Shell 脚本编程，配置与管理 Samba 服务，配置与管理 DHCP 服务，配置与管理 DNS 服务，配置与管理 FTP 服务，配置与管理 Apache 服务，配置与管理 E – mail 服务等内容。

本书由多年从事计算机网络与安全技术教学工作的教师及工程师编写，可以作为计算机网络相关专业的教学用书，也可以作为 IT 培训或工程技术人员的自学参考用书。

版权专有　侵权必究

图书在版编目(CIP)数据

Linux 平台与运维 / 曾斌，王成敏主编. -- 北京：北京理工大学出版社，2022.12(2023.8 重印)
ISBN 978 – 7 – 5763 – 1991 – 0

Ⅰ. ①L… Ⅱ. ①曾… ②王… Ⅲ. ①Linux 操作系统
Ⅳ. ①TP316.85

中国国家版本馆 CIP 数据核字(2023)第 003578 号

出版发行 /	北京理工大学出版社有限责任公司
社　　址 /	北京市海淀区中关村南大街 5 号
邮　　编 /	100081
电　　话 /	(010)68914775（总编室）
	(010)82562903（教材售后服务热线）
	(010)68944723（其他图书服务热线）
网　　址 /	http：//www.bitpress.com.cn
经　　销 /	全国各地新华书店
印　　刷 /	唐山富达印务有限公司
开　　本 /	787 毫米 × 1092 毫米
印　　张 /	16.25
字　　数 /	359 千字
版　　次 /	2022 年 12 月第 1 版　2023 年 8 月第 2 次印刷
定　　价 /	49.80 元

责任编辑 / 王玲玲
文案编辑 / 王玲玲
责任校对 / 周瑞红
责任印制 / 施胜娟

图书出现印装质量问题，请拨打售后服务热线，本社负责调换

前言

随着互联网的普及和技术的飞速发展，Linux 平台作为一种可靠、高效、安全的操作系统，被广泛应用于各个领域的服务器运维。

运维是指负责运营、维护、管理计算机系统、网络、应用程序和信息系统的一系列职能和活动。Linux 平台与运维密切相关，因为 Linux 是服务器操作系统的重要选择之一，对于服务器的运维来说，Linux 平台的维护和管理是非常重要的。

在 Linux 平台运维中，掌握基本的 Linux 系统管理技能，如文件系统管理、用户和权限管理、网络管理等都是必要的。此外，还需要了解常用的 Linux 命令行工具以及脚本编写技巧，以便更加高效地完成各项管理和维护工作。

Linux 平台与维护是计算机网络技术、通信技术、软件技术、移动互联应用技术等专业的核心课程。本书基于任务驱动的教学模式，紧扣全国网络系统管理大赛最新大纲。

全书由江西环境工程职业学院曾斌和王成敏任主编并统稿，萧巍、黄飞翔、谢麟、刘鹏任副主编，全书分为 13 个大项目、多个任务，结构清晰、内容丰富、通俗易懂、实例众多，包含 Linux 操作系统的基本概念、基本操作、核心服务器搭建技术、安全防护技能等，实践性强。

学习者通过阅读和实践本书教学内容，可提高对 Linux 操作系统的认识，并通过案例教学和项目实训培养综合运用知识的初步能力，为以后从事各种网络管理、维护及设计奠定基础，并为后续学习、实习、就业等提供强大的支撑和促进作用。

本书由多年从事计算机网络与安全技术教学工作的教师及工程师编写，可以作为计算机网络相关专业的教学用书，也可以作为 IT 培训或工程技术人员的自学参考用书。

限于作者的业务水平及实践经验，书中难免有疏漏和不足之处，恳请读者提出宝贵意见和建议，以便今后修正和改进。作者邮箱：1042435499@qq.com。

编　者

目 录

项目 1　Linux 简介与安装 ……………………………………………………………… 1
　任务 1.1　Linux 简介 ……………………………………………………………… 2
　任务 1.2　安装与配置 VMware Workstation 与 Linux 系统 …………………………… 9

项目 2　Linux 操作基础 …………………………………………………………………… 36
　任务 2.1　Shell 和常用操作命令 …………………………………………………… 37
　任务 2.2　文本编辑器 vi、vim ……………………………………………………… 65
　任务 2.3　重定向、管道符、转义字符和重要环境变量 ………………………………… 71

项目 3　管理用户、用户组和文件权限 ……………………………………………………… 78
　任务 3.1　管理用户和用户组 ………………………………………………………… 79
　任务 3.2　管理文件权限 ……………………………………………………………… 89

项目 4　本地存储管理 ……………………………………………………………………… 100
　任务 4.1　磁盘管理 ………………………………………………………………… 101
　任务 4.2　磁盘冗余阵列 RAID ……………………………………………………… 107
　任务 4.3　逻辑卷管理 ………………………………………………………………… 114

项目 5　网络配置与安装源管理 …………………………………………………………… 123
　任务 5.1　Linux 网络配置 …………………………………………………………… 124
　任务 5.2　RPM 包管理和 YUM 仓库配置 …………………………………………… 133

项目 6　服务器安全基础与日常维护 ……………………………………………………… 140
　任务 6.1　服务器安全基础 …………………………………………………………… 141
　任务 6.2　系统日常维护 ……………………………………………………………… 146

项目 7　Shell 脚本编程 …………………………………………………………………… 153
　任务 7.1　编写脚本 …………………………………………………………………… 154
　任务 7.2　流程控制语句 ……………………………………………………………… 160

项目 8　配置与管理 Samba 服务 …………………………………………………………… 167
　任务 8.1　安装 Samba 服务 ………………………………………………………… 168

任务 8.2　配置 Samba 共享资源 ·· 173

项目 9　配置与管理 DHCP 服务 ··· 183

任务 9.1　部署 dhcpd 服务 ·· 184

任务 9.2　自动管理 IP 地址 ··· 186

任务 9.3　分配固定 IP 地址 ··· 192

项目 10　配置与管理 DNS 服务 ·· 197

任务 10.1　部署 DNS 服务 ·· 198

任务 10.2　配置主从 DNS ··· 209

项目 11　配置与管理 FTP 服务 ··· 216

任务 11.1　部署 FTP 服务 ··· 217

任务 11.2　配置本地用户访问的 FTP ··· 222

项目 12　配置与管理 Apache 服务 ·· 226

任务 12.1　部署 Apache 服务 ·· 227

任务 12.2　配置基于域名虚拟主机 ··· 236

项目 13　配置与管理 E‑mail 服务 ··· 241

任务　部署 E‑mail 服务 ··· 242

项目 1

Linux简介与安装

【项目导读】

　　Linux 操作系统是一款免费使用且开源类 UNIX 操作系统，它支持多用户、多任务、多线程和多 CPU。Linux 自诞生至今，经过世界各地无数计算机爱好者的修改和完善，功能越来越强大，性能越来越稳定，已经成为应用领域最广泛的操作系统。本项目较详细地介绍了 Linux 的发展历史；介绍了 Linux 的系统结构；讲解了 Linux 的常见版本。

　　在 Linux 的各个社区版本中，CentOS 和 Ubuntu 是相对来说更为出色的两个版本，其中 CentOS 在国内用户更多，且与企业中常见的 Linux 版本 RHEL 的使用习惯更为相似。因此，本书将以 CentOS 为例对 Linux 系统进行讲解。为了不影响日常生活中计算机的正常使用，本书考虑以 Linux 虚拟机为基础环境，因此前期需要安装虚拟机软件。本书使用 VMware Workstation 搭建虚拟环境。本项目较详细地讲解了 VMware Workstation 虚拟机的安装和 CentOS 的安装与配置。

　　综上所述，本项目要完成的任务有：Linux 基础知识的识记和理解、Linux 环境的搭建和配置。

【项目目标】

- 认识 Linux；
- 理解 Linux 系统结构；
- 认识 Linux 版本；
- 安装 VMware Workstation 虚拟机；
- 安装 Linux 系统；
- 重置 root 管理员密码。

【项目地图】

任务 1.1　Linux 简介

【任务工单】任务工单 1-1：Linux 简介

任务名称	Linux 简介			
组别		成员	小组成绩	
学生姓名			个人成绩	
任务情境	在学生 Linux 之前，需要了解其发展历史、常见的版本、特点和系统结构。			
任务目标	掌握 Linux 的系统结构，了解其发展历史、特点和版本等。			
任务要求	按本任务后面列出的具体任务内容，学习 Linux 系统。			
知识链接				
计划决策				
任务实施	1. Linux 的发展历史。 2. Linux 的特点和常见版本。 3. Linux 的系统结构。			
检查	1. Linux 的发展历史；2. Linux 的特点和常见版本；3. Linux 的系统结构。			
实施总结				
小组评价				
任务点评				

【前导知识】

　　Linux 是由 UNIX 发展过来的。全球大约有数百款的 Linux 系统版本，每个系统版本都有自己的特性和目标人群，有的主打稳定性和安全性，有的主打免费使用，还有的主要突出定制化强等特点。主要有：红帽企业版系统（Red Hat Enterprise Linux，RHEL）、CentOS 社区企业操作系统（Community Enterprise Operating System）、Fedora Linux、Debian Linux、Ubuntu Linux、openSUSE Linux、Kali Linux、Gentoo Linux、深度操作系统（deepin）等。Linux 操作系统具有开源免费、多用户、多任务、良好的用户界面、设备独立性、丰富的网络功能、可靠的安全系统、良好的可移植性等特点。Linux 系统可以分为 3 个层次：底层是 Linux 操作系统，即系统内核（Kernel）；中间层是 Shell 层，即命令解释层；高层是应用层。Linux 的版本分为内核版本和发行版本两种。

【任务内容】

1. Linux 的发展历史。
2. Linux 的特点和常见版本。
3. Linux 的系统结构。

【任务实施】

1. Linux 历史

1965 年，为了解决服务器终端连接数量的限制和处理复杂计算的问题，贝尔（Bell）实验室、通用电气（GE）公司以及麻省理工学院（MIT）决定联手打造一款全新的操作系统——MULTICS（多任务信息与计算系统）。但由于开发过程不顺利，遇到了诸多阻碍，后期连资金也出现了短缺现象，在 1969 年，随着贝尔实验室的退出，MULTICS 也终止了研发工作。而同年，MULTICS 的开发人员 Ken Thompson 使用汇编语言编写出了一款新的系统内核，当时被称为 UNICS（联合信息与计算系统），在贝尔实验室内广受欢迎。

1973 年，C 语言之父 Dennis M. Ritchie 了解到 UNICS 系统并对其非常看好，但汇编语言有致命的缺点——需要针对每一台不同架构的服务器重新编写汇编语言代码，才能使其使用 UNICS 系统内核。这样不仅麻烦，而且使用门槛极高。于是 Dennis M. Ritchie 便决定使用 C 语言重新编写一遍 UNICS 系统，让其具备更好的跨平台性，更适合被广泛普及。开源且免费的 UNIX 系统由此诞生。但是在 1979 年，贝尔实验室的上级公司 AT&T 看到了 UNIX 系统的商业价值和潜力，不顾贝尔实验室的反对，依然坚决做出了对其商业化的决定，并在随后收回了版权，逐步限制 UNIX 系统源代码的自由传播，渴望将其转化成专利产品而大赚一笔。崇尚自由分享的黑客面对冷酷无情的资本力量心灰意冷，开源社区的技术分享热潮一度跌入谷底。此时，人们也不能再自由地享受科技成果了，一切都以商业为重。

面对如此封闭的软件创作环境，著名的黑客 Richard Stallman 在 1983 年发起了 GNU 源代码开放计划，并在 1989 年起草了著名的 GPL 许可证。他渴望建立起一个更加自由和开放的操作系统和社区。之所以称之为 GNU，其实是有 "GNU's Not UNIX！" 的含义。但是，想法和计划只停留在口头上是不够的，还需要落地才行，因此 Richard 便以当时现有的软件功能为蓝本，重新开发出了多款开源免费的好用工具。在 1987 年，GNU 计划终于有了重大突破，Richard 和社区共同编写出了一款能够运行 C 语言代码的编译器——GCC（GNU C Compiler）。这使得人们可以免费使用 GCC 编译器将编写的 C 语言代码编译成可执行文件，供更多的用户使用，这进一步发展壮大了开源社区。随后的一段时间里，Emacs 编辑器和 Bash 解释器等重磅产品陆续亮相，一批批技术爱好者也纷纷加入 GNU 源代码开放计划中来。

在 1984 年时，UNIX 系统版权依然被 AT&T 公司攥在手里，AT&T 公司明确规定不允许将代码提供给学生使用。荷兰的一位大学教授 Andrew 为了能给学生上课，仿照 UNIX 系统编写出了一款名为 Minix 的操作系统。但当时他只是用于课堂教学，根本没有大规模商业化的打算，所以实际使用 Minix 操作系统的人数其实并不算多。

芬兰赫尔辛基大学的在校生 Linus Torvalds 便是其中一员，他在 1991 年 10 月使用 bash

解释器和 GCC 编译器等开源工具编写出了一个名为 Linux 的全新的系统内核，并且在技术论坛中低调地上传了该内核的 0.02 版本。该系统内核因其较高的代码质量且基于 GNU GPL 许可证的开放源代码特性，迅速得到了 GNU 源代码开放计划和一大批黑客程序员的支持，随后 Linux 正式进入如火如荼的发展阶段。

Linux 系统是一个类似于 UNIX 的操作系统，Linux 系统是 UNIX 在微机上的完整实现，它的标志是一个名为 Tux 的可爱的小企鹅，如图 1-1 所示。UNIX 操作系统是 1969 年由 K. Thompson 和 D. M. Richie 在美国贝尔实验室开发的一种操作系统。由于其良好而稳定的性能而迅速在计算机中得到广泛的应用，在随后几十年中做了不断的改进。1992 年 3 月，内核 1.0 版本的推出，标志着 Linux 第一个正式版本的诞生。现在，Linux 凭借优秀的设计、不凡的性能，加上 IBM、Intel、AMD、DELL、Oracle、Sybase 等国际知名企业的大力支持，市场份额逐步扩大，逐渐成为主流操作系统之一。

图 1-1　Linux 的标志 Tux

2. 常见的 Linux 系统版本

Linux 系统内核指的是一个由 Linus Torvalds 负责维护，提供硬件抽象层、磁盘、文件系统控制及多任务功能的系统核心程序。

Linux 发行套件系统是常说的 Linux 操作系统，也就是由 Linux 内核与各种常用软件的集合产品。

全球大约有数百款的 Linux 系统版本，下面介绍最热门的几个系统。

红帽公司成立于 1994 年，于 1998 年在纳斯达克上市，自从 1999 年起陆续收购了包括 JBoss 中间件供应商、CentOS（社区企业操作系统）、Ceph 企业级存储业务等在内的数十家高科技公司及热门产品。

红帽企业版 Linux 最初于 2002 年 3 月面世，当年 Dell、HP、Oracle 以及 IBM 公司便纷纷表示支持该系统平台的硬件开发，因此红帽企业版 Linux 系统的市场份额在近 20 年时间内不断猛增。红帽企业版 Linux 当时是全世界使用最广泛的 Linux 系统之一，在世界 500 强企业中，所有的航空公司、电信服务提供商、商业银行、医疗保健公司均无一例外地通过该系统向外提供服务。

红帽企业版 Linux（图 1-2）当前的最新版本是 RHEL 8，该系统具有极强的稳定性，在全球范围内都可以获得完善的技术支持。

CentOS（图 1-3）是由开源社区研发和维护的一款企业级 Linux 操作系统，在 2014 年 1 月被红帽公司正式收购。CentOS 系统最为人广泛熟悉的标签就是"免费"。由于红帽企业版 Linux 是开源软件，任何人都有修改和创建衍生品的权利，因此 CentOS 便是将红帽企业版 Linux 中的收费功能去掉，然后将新系统重新编译后发布给用户免费使用的 Linux 系统。因为 CentOS 免费的特性，所以 CentOS 拥有了广泛的用户。

图 1-2　红帽企业版系统

Fedora Linux（图1-4）是红帽公司的产品，最初是为了给红帽企业版 Linux 制作和测试第三方软件而构建的产品，孕育了最早的开源社群，固定每6个月发布一个新版本，当前在全球已经有几百万的用户。

图1-3 CentOS 社区企业操作系统

图1-4 Fedora Linux

Fedora 是桌面版本的 Linux 系统，可以理解成微软公司的 Windows 10 或者 Windows 11。它的目标用户是应付日常的工作需要，而不会追求稳定性的人群。用户可以在这个系统中体验到最新的技术和工具，当这些技术和工具成熟后，才会被移植到红帽企业版 Linux 中，因此 Fedora 也被称为 RHEL 系统的"试验田"。运维人员如果想每天都强迫自己多学点 Linux 知识，保持自己技术的领先性，就应该多关注此类 Linux 系统的发展变化和新特征，不断调整自己的学习方向。

Debian 系统（图1-5）是基于 GNU 开源许可证的 Linux 系统，历史久远，最初发布于1993年9月。Debian 系统具有很强的稳定性和安全性，并且提供了免费的基础支持，可以良好地适应各种硬件架构，以及提供近十万种开源软件，在国外拥有很高的认可度和使用率。虽然 Debian 也是基于 Linux 内核，但是在实际操作中还是跟红帽公司的产品有一些差别，例如 RHEL 7 和 RHEL 8 分别使用 Yum 和 DNF 工具来安装软件，而 Debian 使用的则使用 APT 工具。

图1-5 Debian Linux

Ubuntu 是一款桌面版 Linux 系统（图1-6），以 Debian 为蓝本进行修改和衍生而来，发布周期为6个月。Ubuntu 系统的第一个版本发布于2004年10月。2005年7月，Ubuntu 基金会成立，Ubuntu 后续不断增加开发分支，有了桌面版系统、服务器版系统和手机版系统。据统计，Ubuntu 最高峰时的用户达到了10亿人。尽管 Ubuntu 基于 Debian 系统衍生而来，但会对系统进行深度化定制，因此两者之间的软件并不一定完全兼容。Ubuntu 系统现在由 Canonical 公司提供商业技术支持，只要购买付费技术支持服务就能获得帮助，桌面版系统最长时间3年，服务器版系统最长时间5年。

图1-6 Ubuntu Linux

openSUSE（图1-7）是一款德国的 Linux 系统，在全球范围内有着不错的声誉及市场占有率。openSUSE 的桌面版系统简洁轻快，易于使用，而服务器版本则功能丰富稳定，而且即便是"小白"也能轻松上手。虽然 openSUSE 在技术上颇具优势，而且大大的绿色蜥蜴

Logo人见人爱，只可惜命途多舛，赞助和研发该系统的SuSE Linux AG公司由于效益不佳，于2003年被Novell公司收购，而Novell公司又因经营不佳而在2011年被Attachmate公司收购。到了2014年，Attachmate公司又被Micro Focus公司收购，后者仍然只把维护openSUSE系统的团队当作公司内的一个部门来运营。

即便如此，依然不妨碍openSUSE系统的坚强发展，用户可以完全自主选择要使用的软件。例如，针对GUI环境，就提供了诸如GNOME、KDE、Cinnamon、MATE、LXQt、Xfce等可选项；除此之外，还为用户提供了数千个免费开源的软件包。

Kali Linux系统（图1-8）一般是供黑客或安全人员使用的，能够以此为平台对网站进行渗透测试，通俗来讲，就是能"攻击"网站。Kali Linux系统的前身名为BackTrack，其设计用途就是进行数字鉴识和渗透测试，内置有600多款网站及系统的渗透测试软件，包括Nmap、Wireshark、sqlmap等。Kali Linux能够被安装到个人电脑、公司服务器，甚至手掌大小的树莓派上，可以让人有一种随身携带了一个武器库的感觉。

图1-7 openSUSE Linux

图1-8 Kali Linux

Gentoo系统（图1-9）最大的特色就是允许用户完全自由地进行定制。在Gentoo系统中，任何一部分功能都允许用户重新编译；用户也可以选择喜欢的补丁或者插件进行定制。因为Gentoo极高的自定制性，导致操作复杂，因此仅适合有经验的运维人员使用。

Deepin系统（图1-10）是由武汉深之度科技有限公司于2011年基于Debian系统衍生而来的，提供32种语言版本，目前累计下载量已近1亿次，用户遍布100余个国家/地区。就Deepin来讲，最吸引人的还是它的本土化工作。Deepin默认集成了诸如WPS Office、搜狗输入法、有道词典等国内常用的软件，对"小白"用户相当友好。

图1-9 Gentoo Linux

图1-10 深度操作系统（Deepin）

总之，虽然上述不同版本的 Linux 系统在界面上可能差别很大，或是在操作方法上不尽相同，但只要是基于 Linux 内核研发的，都称之为 Linux 系统。本书是基于 CentOS 7.8 系统编写而成的，书中内容及实验完全通用于当前主流的 Linux 系统。

3. Linux 操作系统特点

Linux 操作系统作为一个免费、自由、开放的操作系统，它拥有如下所述的一些特点。

①开源免费：用户不用支付费用就可以获得源代码，并且可以根据需要对源代码进行必要的修改，无偿使用，无约束地继续传播。

②多用户：操作系统资源可以被不同用户使用，每个用户对自己的资源（如：文件、设备）有特定的权限，互不影响。

③多任务：计算机同时执行多个程序，各个程序的运行互相独立。

④良好的用户界面：Linux 向用户提供了两种界面：字符界面和图形界面。利用鼠标、菜单、窗口、滚动条等设施，给用户呈现一个直观、易操作、交互性强的友好的图形化界面。

⑤设备独立性：操作系统把所有外部设备统一当作文件来看待，只要安装驱动程序，任何用户都可以像使用文件一样来操纵、使用这些设备。Linux 是具有设备独立性的操作系统，内核具有高度适应能力。

⑥提供了丰富的网络功能：完善的内置网络是 Linux 一大特点。

⑦可靠的安全系统：Linux 采取了许多安全技术措施，包括对读/写控制、带保护的子系统、审计跟踪、核心授权等，这为网络多用户环境中的用户提供了必要的安全保障。

⑧良好的可移植性：操作系统从一个平台转移到另一个平台后，仍然按其自身的方式运行。Linux 是一种可移植的操作系统，能够在从微型计算机到大型计算机的任何环境中和任何平台上运行。

4. 理解 Linux 系统结构

Linux 系统可以分为 3 个层次，如图 1-11 所示。底层是 Linux 操作系统，即系统内核（Kernel）；中间层是 Shell 层，即命令解释层；高层则是应用层。

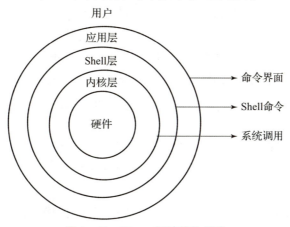

图 1-11 Linux 系统结构层次

（1）内核层

内核层是 Linux 系统的核心和基础，它直接附着在硬件平台之上，控制和管理系统内各种资源（硬件资源和软件资源），有效地组织进程的运行，从而扩展硬件的功能，提高资源的利用效率，为用户提供方便、高效、安全、可靠的应用环境。

（2）Shell 层

Shell 层是与用户直接交互的界面。用户可以在提示符下输入命令行，由 Shell 解释执行并输出相应结果或者有关信息，所以也把 Shell 称作命令解释器，利用系统提供的丰富命令可以快捷而简便地完成许多工作。

同 Linux 本身一样，Shell 也有多种不同的版本。目前，主要有下列版本的 Shell。

Bourne Shell：是贝尔实验室开发的版本。

BASH：是 GNU 的 Bourne Again Shell，是 GNU 操作系统上默认的 Shell。

Korn Shell：是对 Bourne Shell 的发展，在大部分情况下与 Bourne Shell 兼容。

C Shell：是 SUN 公司 Shell 的 BSD 版本。

（3）应用层

应用层提供基于 X Window 协议的图形环境。X Window 协议定义了一个系统所必须具备的功能，满足此协议及符合 X 协议其他的规范，便可称为 X Window。

5. 认识 Linux 版本

Linux 的版本分为内核版本和发行版本两种。

（1）内核版本

内核是系统的"心脏"，是运行程序和管理像磁盘与打印机等硬件设备的核心程序，它提供了一个在裸设备与应用程序间的抽象层。内核的开发和规范一直由 Linus 领导的开发小组控制着，版本也是唯一的。Linux 内核的版本号命名是有一定规则的，版本号的格式通常为"主版本号.次版本号.修正号"。主版本号和次版本号标志着重要的功能变动，修正号表示较小的功能变更。

（2）发行版本

Linux 主要作为 Linux 发行版 Distribution 的一部分而使用。这些发行版由个人、松散组织的团队，以及商业机构和志愿者组织编写。它们通常包括了其他的系统软件和应用软件、一个用来简化系统初始安装的安装工具，以及让软件安装升级的集成管理器。大多数系统还包括了像提供 GUI 界面的 XFree86 之类的曾经运行于 BSD 的程序。一个典型的 Linux 发行版包括：Linux 内核，一些 GNU 程序库和工具、命令行 shell、图形界面的 X Window 系统和相应的桌面环境，如 KDE 或 GNOME，并包含数千种从办公套件、编译器、文本编辑器到科学工具的应用软件。

一般谈论的 Linux 系统便是针对发行版本（Distribution）的。目前各种发行版本超过 300 种，现在最流行的套件有 Red Hat（红帽子）、CentOS 等。

CentOS（Community Enterprise Operating System，社区企业操作系统）是 Linux 发行版之一，它由 Red Hat Enterprise Linux 依照开放源代码规定释出的源代码编译而成。由于出自同样的源代码，因此有些要求高度稳定性的服务器以 CentOS 替代商业版的 Red Hat Enterprise Linux 使用。两者的不同，在于 CentOS 并不包含封闭源代码软件。

CentOS 在 2014 年年初宣布加入 Red Hat。CentOS 是一个基于 Red Hat Linux 提供的可自

项目 1　Linux 简介与安装

由使用源代码的企业级 Linux 发行版本。每个版本的 CentOS 都会获得十年的支持（通过安全更新方式）。新版本的 CentOS 大约每两年发行一次，而每个版本的 CentOS 会定期（大概每六个月）更新一次，以便支持新的硬件。这样，建立了一个安全、低维护、稳定、高预测性、高重复性的 Linux 环境。

任务 1.2　安装与配置 VMware Workstation 与 Linux 系统

【任务工单】任务工单 1-2：安装与配置 VMware Workstation 与 Linux 系统

任务名称	安装与配置 VMware Workstation 与 Linux 系统				
组别		成员		小组成绩	
学生姓名				个人成绩	
任务情境	工欲善其事，必先利其器。在学习 Linux 之前，需要配置 Linux 环境，本任务是安装与配置 VMware Workstation 虚拟机。				
任务目标	掌握安装与配置 VMware Workstation 虚拟机，掌握 Linux 系统的安装，掌握重置 root 管理员密码。				
任务要求	按本任务后面列出的具体任务内容，完成 VMware Workstation 虚拟机的安装与配置。				
知识链接					
计划决策					
任务实施	1. 安装与配置 VMware Workstation 虚拟机。 2. Linux 系统的安装。 3. 重置 root 管理员密码。				
检查	1. 安装与配置 VMware Workstation 虚拟机；2. Linux 系统的安装；3. 重置 root 管理员密码。				
实施总结					
小组评价					
任务点评					

【前导知识】

　　本任务的目的是在虚拟机中安装 Linux。中小型企业在选择网络操作系统时，首先推荐企业版 Linux。一是由于其开源的优势；二是由于其安全性。要想成功安装 Linux，首先必须要对硬件的基本要求、硬件的兼容性、多重引导、磁盘分区和安装方式等进行充分准备，获取发行版本，查看硬件是否兼容，选择适合的安装方式。做好这些准备工作，Linux 安装才会顺利。

【任务内容】

1. 安装与配置 VMware Workstation 虚拟机。
2. Linux 系统的安装。
3. 重置 root 管理员密码。

【任务实施】

1. 安装 VMware Workstation 虚拟机

VMware Workstation 虚拟机（简称 VM 虚拟机）软件是一款桌面计算机虚拟软件，让用户能够在单一主机上同时运行多个不同的操作系统。每个虚拟操作系统的磁盘分区、数据配置都是独立的，不会影响电脑中原本的数据。而且 VM 还支持实时快照、虚拟网络、文件拖曳传输以及网络安装等方便实用的功能。此外，还可以把多台虚拟机构成一个专用局域网，使用方便。

①将 VMware Workstation 12 虚拟机软件安装包下载到电脑中，用鼠标双击该软件包，运行后即可看到如图 1 – 12 所示的安装向导初始界面。

图 1 – 12　安装向导初始界面

②在虚拟机软件的安装向导界面单击"下一步"按钮，如图 1 – 13 所示。

③在最终用户许可协议界面选中"我接受许可协议中的条款（A）"复选框，然后单击"下一步"按钮，如图 1 – 14 所示。

④自定义虚拟机软件的安装路径。一般情况下无须修改安装路径，但如果 C 盘容量不足，则可以考虑修改安装路径，将其安装到其他位置。然后选中"增强型键盘驱动程序"复选框，单击"下一步"按钮，如图 1 – 15 所示。

⑤根据自身情况适当选择"启动时检查产品更新"与"加入 VMware 客户体验提升计划"复选框，然后单击"下一步"按钮，如图 1 – 16 所示。

项目 1　Linux 简介与安装

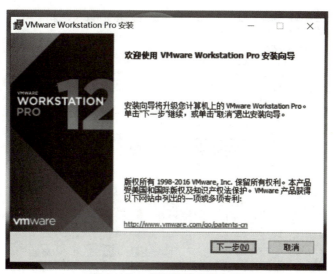

图 1－13　虚拟机的安装向导

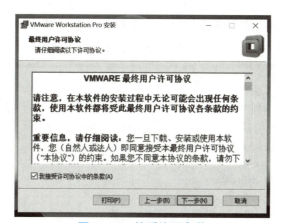

图 1－14　接受许可条款

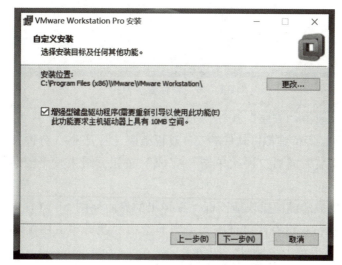

图 1－15　选择虚拟机软件的安装路径

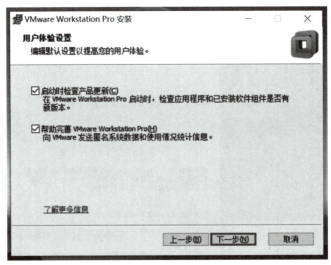

图1-16 用户体验设置

⑥为了方便今后更便捷地找到虚拟机软件的图标，建议选中"桌面"与"开始菜单程序文件夹"复选框，然后单击"下一步"按钮，如图1-17所示。

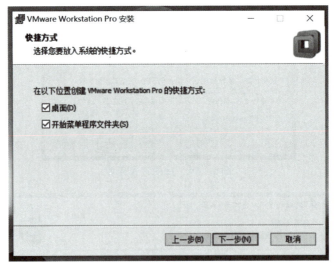

图1-17 创建快捷方式

⑦准备就绪后，单击"安装"按钮，如图1-18所示。

⑧进入安装过程，等待虚拟机软件的安装过程结束（需要3~5分钟），如图1-19所示。

⑨虚拟机软件安装完成后，再次单击"完成"按钮，结束整个安装工作，如图1-20所示。

⑩双击桌面上生成的虚拟机快捷图标，在弹出的界面（图1-21）中，输入许可证密钥（如果已经购买了的话）。没有许可证密钥，当前选中"我希望试用VMware Worksatation 12 30天"单选按钮，然后单击"跳过"按钮。

⑪在弹出的界面中，直接单击"完成"按钮，如图1-22所示。

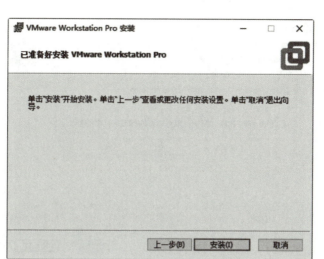

图 1-18　准备开始安装虚拟机

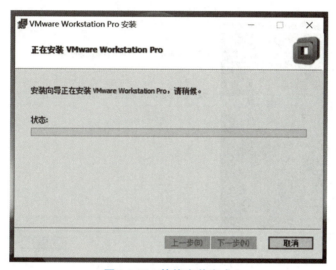

图 1-19　等待安装完成

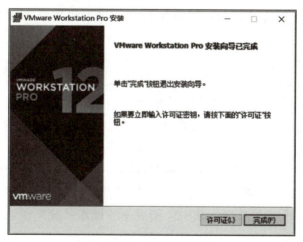

图 1-20　VM 安装完成

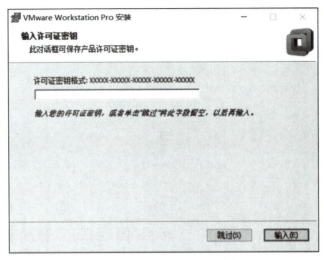

图 1-21 输入许可证密钥

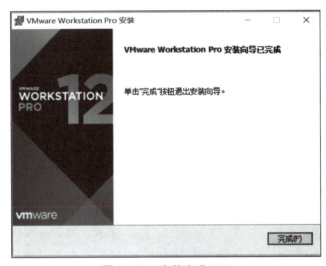

图 1-22 安装完成 VM

⑫在桌面上双击快捷方式图标，此时便看到了虚拟机软件的管理界面，如图 1-23 所示。

2. 安装 Linux 系统

①进入虚拟机软件的管理界面，如图 1-23 所示。

②在如图 1-23 所示的管理界面中，单击"创建新的虚拟机"按钮，并在弹出的"新建虚拟机向导"界面中选择"自定义（高级）"单选按钮，然后单击"下一步"按钮，如图 1-24 所示。

③全新安装的系统，不必担心虚拟机的兼容性问题，直接在"硬件兼容性"下拉列表中选择"Workstation 12.0"，然后单击"下一步"按钮，如图 1-25 所示。

④进入如图 1-26 所示的界面，选中"稍后安装操作系统"单选按钮，然后单击"下一步"按钮。

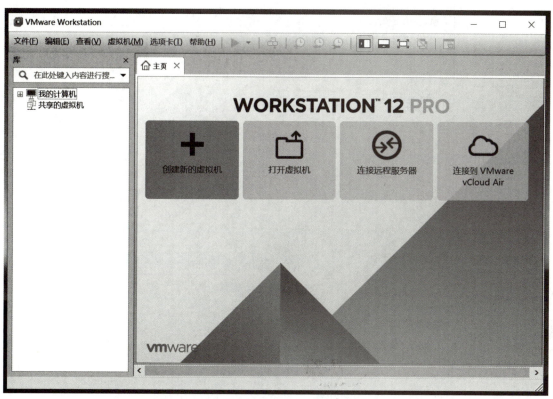

图 1-23　虚拟机软件的管理界面

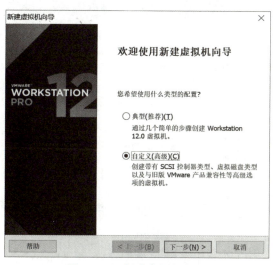

图 1-24　新建虚拟机向导

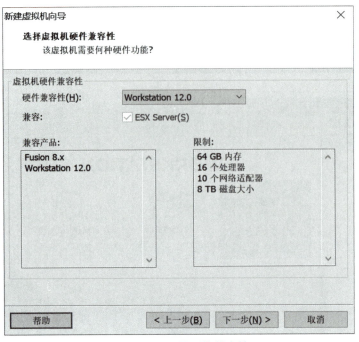

图 1-25 设置硬件兼容性

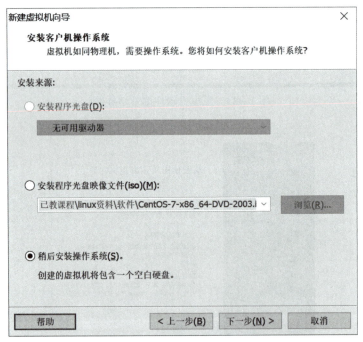

图 1-26 设置系统的安装来源

⑤在图 1-27 中，将客户机操作系统的类型选择为"Linux"，版本选择为"CentOS 64 位"，然后单击"下一步"按钮。

⑥填写"虚拟机名称"字段，名称任意。建议为"位置"字段选择一个大容量的硬盘分区，最少要有 20 GB 以上的空闲容量。然后再单击"下一步"按钮，如图 1-28 所示。

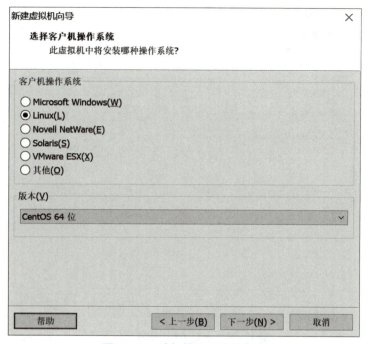

图1-27 选择操作系统的版本

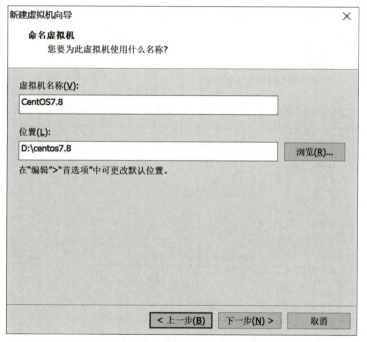

图1-28 命名虚拟机及设置安装路径

⑦设置"处理器数量"和"每个处理器的核心数量",根据自身电脑的情况进行选择。将处理器和内核数量都设置成1(图1-29),后期再随时修改,不影响实验。然后单击"下一步"按钮。

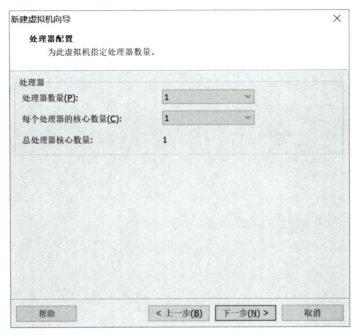

图 1-29　设置 CPU 处理器信息

⑧设置分配给虚拟机的内存。如果物理机的内存小于 4 GB，则建议分配给虚拟机 1 GB；如果物理机的内存大于 4 GB，则建议分配给虚拟机 2 GB，如图 1-30 所示。

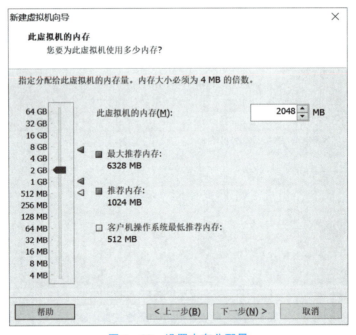

图 1-30　设置内存分配量

⑨将网络连接的类型设置为"使用网络地址转换（NAT）（E）"，然后单击"下一步"按钮，如图 1-31 所示。

项目 1　Linux 简介与安装

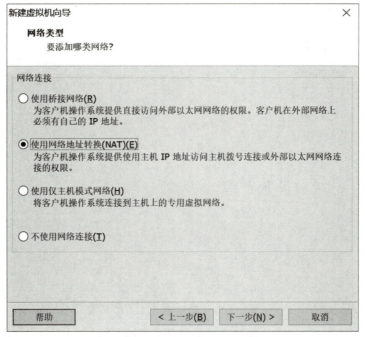

图 1-31　设置网络类型

⑩图 1-32 所示为选择 SCSI 控制器的类型，这里使用"LSI Logic（推荐）"值，然后单击"下一步"按钮。

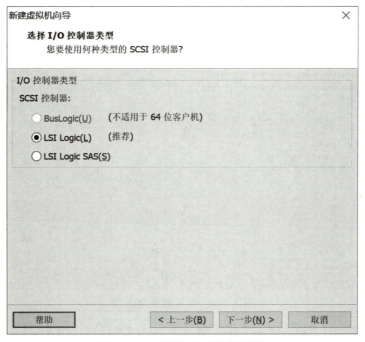

图 1-32　设置 I/O 控制器类型

⑪设置虚拟磁盘类型，选择常使用的 SATA 接口类型，然后单击"下一步"按钮，如图 1-33 所示。

图 1－33　设置虚拟磁盘类型

⑫选择"创建新虚拟磁盘"单选按钮，然后单击"下一步"按钮，如图 1－34 所示。

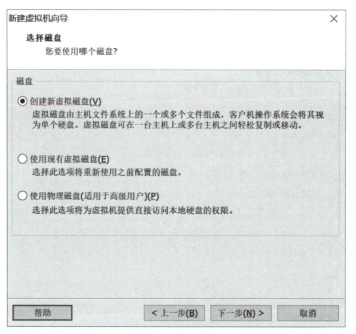

图 1－34　创建新虚拟磁盘

⑬将虚拟机系统的"最大磁盘大小"设置为 20.0 GB（默认值），选中"将虚拟磁盘拆分成多个文件"单选按钮，然后单击"下一步"按钮，如图 1－35 所示。

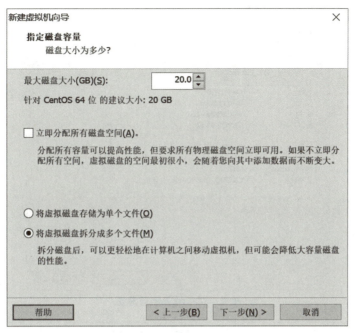

图 1-35　设置最大磁盘容量

⑭设置磁盘文件的名称，没有必要修改，直接单击"下一步"按钮，如图 1-36 所示。

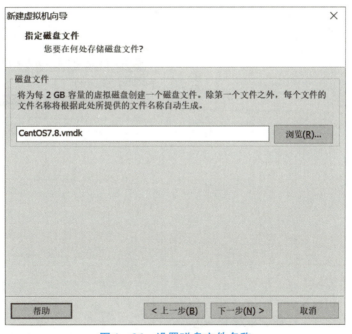

图 1-36　设置磁盘文件名称

⑮当虚拟机的硬件信息基本设置妥当后，单击"自定义硬件"按钮，如图 1-37 所示。

⑯单击"CD/DVD（IDE）"选项，在右侧"使用 ISO 映像文件"下拉列表中找到并选中此前已经下载好的 CentOS 7.8 系统文件（即 iso 结尾的文件），不要解压，直接选中即可，如图 1-38 所示。

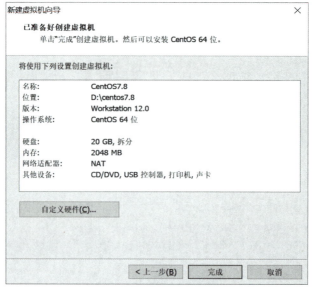

图 1-37 配置信息总览

图 1-38 选中 CentOS 7.8 系统映像文件路径

⑰把 USB 控制器、声卡、打印机设备都移除掉，然后单击"确定"按钮，如图 1-39 所示。

图 1-39　最终的虚拟机配置情况

⑱当看到如图 1-40 所示的界面时，说明虚拟机已经配置成功。

图 1-40　虚拟机配置成功的界面

⑲安装 CentOS 7.8 系统时，电脑的 CPU 需要支持 VT（Virtualization Technology，虚拟化技术）。CPU 对 VT 的支持默认都是开启的，只有当系统安装失败时才需要在物理机的 BIOS

中手动开启(一般是在物理机开机时多次按下 F2 或 F12 键进入 BIOS 设置界面),如图 1-41 所示。

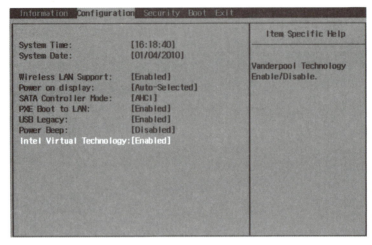

图 1-41 物理电脑 BIOS 开启虚拟化

⑳在虚拟机管理界面中单击"开启此虚拟机"按钮后数秒就看到 CentOS 7 系统安装界面了,如图 1-42 所示。在界面中,Test this media & install CentOS 7 和 Troubleshooting 的作用分别是校验光盘完整性后再安装以及启动救援模式。此时通过键盘的方向键选择 Install CentOS 7 选项直接安装 Linux 系统。

图 1-42 CentOS 7 系统安装界面

㉑接下来按回车键后开始加载安装镜像,所需时间为 20~30 秒,如图 1-43 所示。

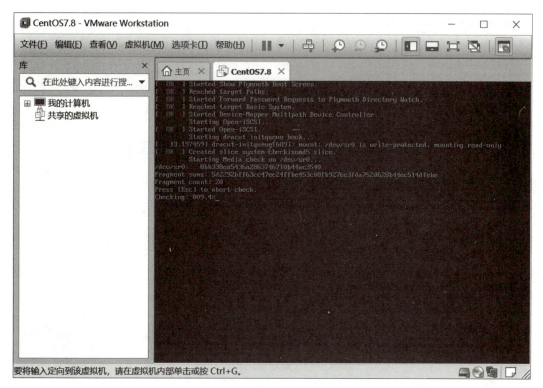

图 1-43 安装向导的初始化界面

㉒选择系统的安装语言后,单击"继续(C)"按钮,如图 1-44 所示。

图 1-44 选择系统的安装语言

㉓安装信息摘要界面是 Linux 系统安装所需信息的集合之处，如图 1－45 所示。

图 1－45　安装信息摘要界面

㉔软件选择界面可以根据用户的需求来调整系统的基本环境。单击"软件选择"按钮，进入配置界面，选择"带 GUI 的服务器"，如图 1－46 所示。

图 1－46　设置系统模式

㉕返回到安装信息摘要界面后,单击安装位置,单击左上角的"完成"按钮,如图 1-47 所示。

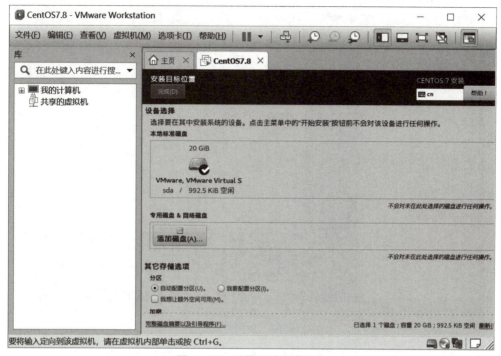

图 1-47 设置系统安装设备

㉖设置好相关设备,单击"开始安装(B)"按钮,准备安装,如图 1-48 所示。

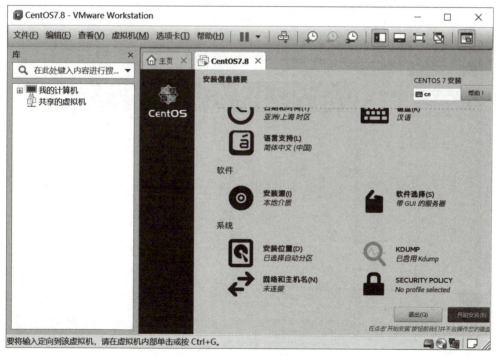

图 1-48 系统开始安装

㉗开始正式安装操作系统,如图 1 - 49 所示。整个安装过程持续 20 ~ 30 分钟。

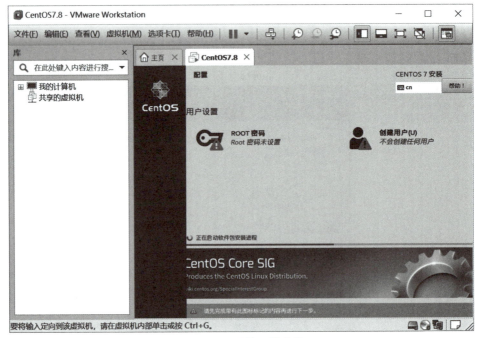

图 1 - 49　系统开始安装

㉘在系统安装过程中,单击"ROOT 密码"按钮,设置管理员的密码,如图 1 - 50 所示。这个操作非常重要,密码马上会在登录系统时用到。在工作环境中,一定要让 root 管理员的密码足够复杂,否则系统将面临严重的安全问题。

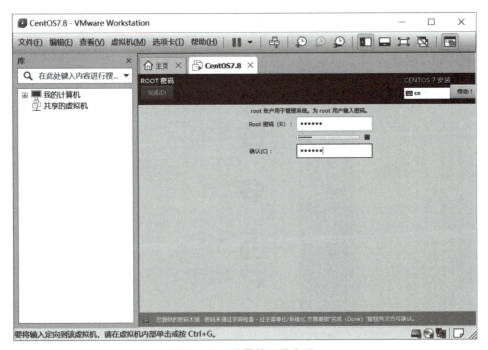

图 1 - 50　设置管理员密码

㉙Linux 系统安装过程为 20～30 分钟，用户在安装期间耐心等待即可。安装完成后，单击"重启"按钮，如图 1-51 所示。

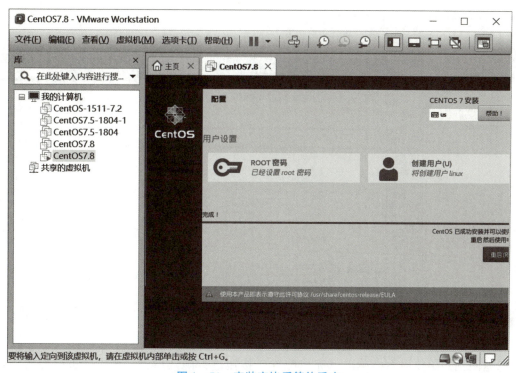

图 1-51 安装完毕后等待重启

㉚重启系统后，将看到系统的初始化界面，单击"LICENSE INFORMATION"选项，如图 1-52 所示。

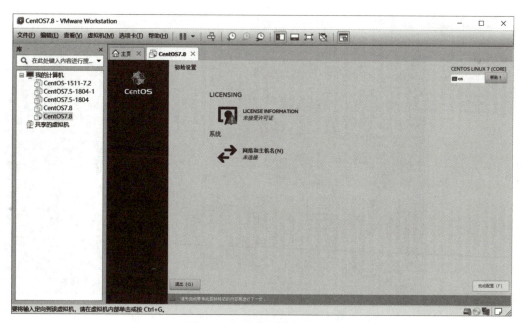

图 1-52 安装后的收尾工作

㉛选中"我同意许可协议"复选框，然后单击左上角的"完成"按钮，如图 1－53 所示。

图 1－53　接受红帽许可协议

㉜返回到初始化界面，单击"完成配置"按钮进行确认后，系统将会进行最后一轮的重启。在大约 2 分钟的等待时间过后，选择"未列出？"，手动输入管理员账号（root）以及所设置的密码，如图 1－54 ～ 图 1－56 所示。

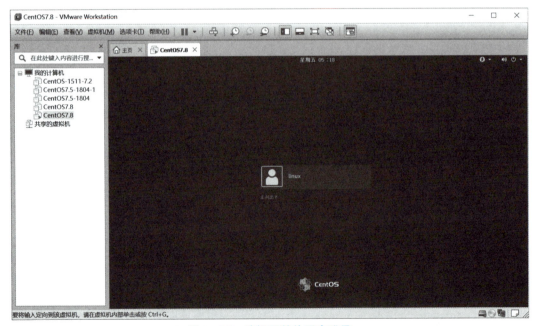

图 1－54　选择用其他用户登录

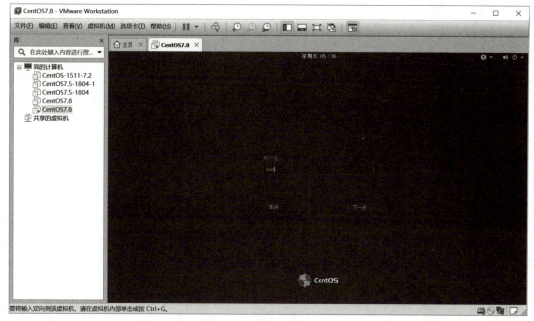

图 1-55 输入管理员账号

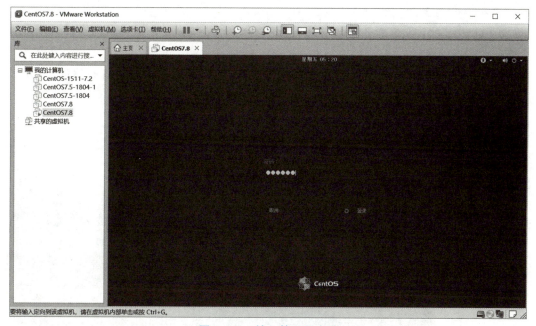

图 1-56 输入管理员密码

㉝单击"登录"按钮，顺利进入系统中，终于看到了欢迎界面。此时会有一系列的非必要性询问，例如语言、键盘、输入来源等信息，一直单击"前进"按钮即可。最终将会看到 CentOS 系统显示的欢迎信息，如图 1-57 所示。

㉞单击"开始使用 CentOS Linux（S）"按钮便能进入系统桌面了。至此，完成了 CentOS 7.8 系统的全部安装和部署工作。

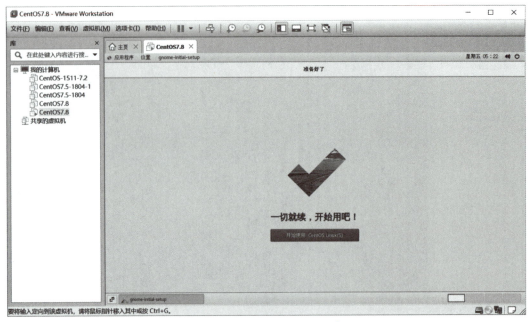

图1-57　正式开始使用系统

3. 重置root管理员密码步骤

如果用户把CentOS系统的root管理员密码忘记了，不用担心，只需几步就可以重置管理员密码，具体步骤如下。

①如图1-58和图1-59所示，先在空白处单击鼠标右键，单击"打开终端"，然后在打开的终端中输入"cat/etc/centos-release""reboot"命令。

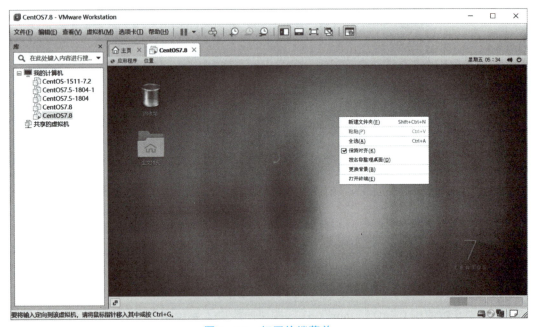

图1-58　打开终端菜单

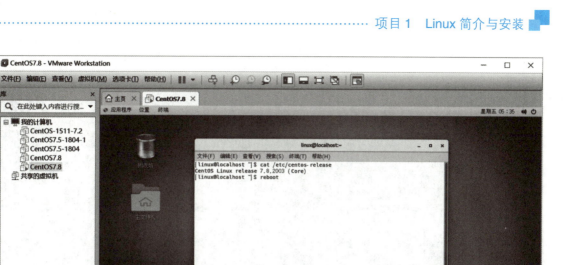

图 1-59　输入命令

②在终端输入"reboot",或者单击右上角的"关机"按钮 ⏻,选择"重启",重启 Linux 系统主机并出现引导界面时,按"e"键进入内核编辑界面,如图 1-60 所示。

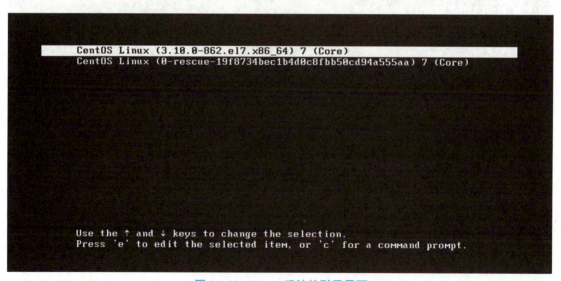

图 1-60　Linux 系统的引导界面

③在 Linux16 参数这行的最后面追加"rd.break"参数,然后按下 Ctrl+X 组合键来运行修改过的内核程序,如图 1-61 所示。

④大约 30 秒过后,进入系统的紧急救援模式。依次输入以下命令,等待系统重启操作完毕,就可以使用新密码 centos7.8(重新设置的新密码)来登录 Linux 系统了。命令行的执行效果如图 1-62 所示。

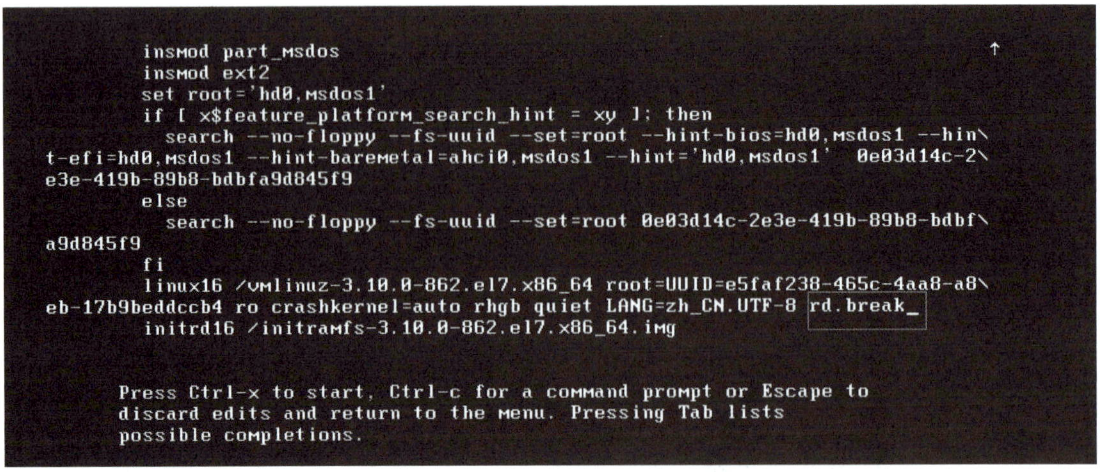

图 1-61　内核信息的编辑界面

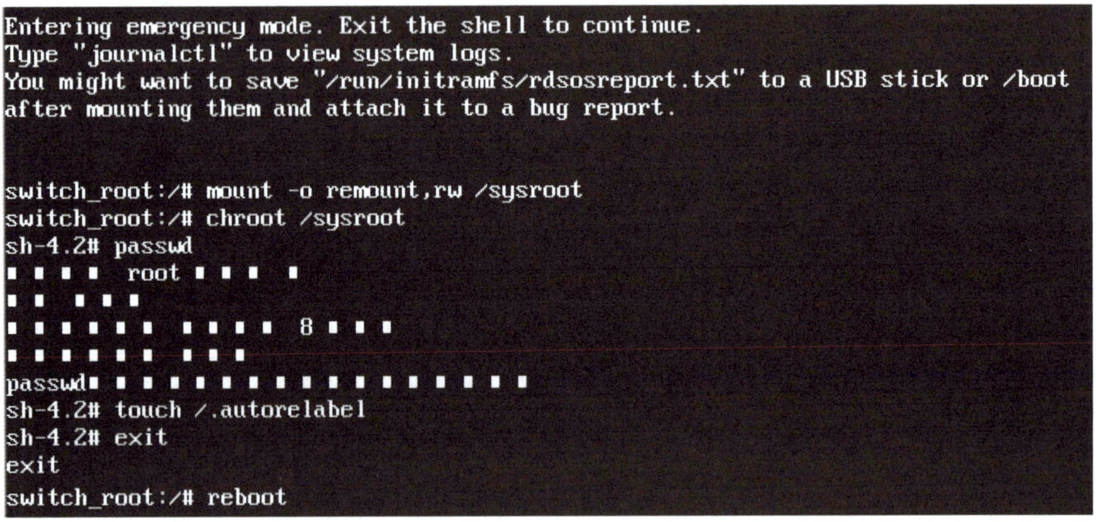

图 1-62　重置 Linux 系统的 root 管理员密码

【知识考核】

1. 填空题

（1）GNU 的含义是_____。

（2）Linux 一般由 3 部分组成：_____、_____、_____。

（3）当前的 Linux 常见的应用可分为_____与_____两个方面。

（4）Linux 的版本分为_____和_____两种。

（5）安装 Linux 最少需要两个分区，分别是_____。

（6）Linux 默认的系统管理员账号是_____。

2. 选择题

(1) Linux 最早是由计算机爱好者（ ）开发的。
A. Richard Petersen   B. Linus Torvalds
C. Rob Pick   D. Linux Sarwar

(2) 下列（ ）是自由软件。
A. Windows XP   B. UNIX   C. Linux   D. Windows 2008

(3) 下列（ ）不是 Linux 的特点。
A. 多任务   B. 单用户   C. 设备独立性   D. 开放性

(4) Linux 的内核版本 2.3.20 是（ ）的版本。
A. 不稳定   B. 稳定的   C. 第三次修订   D. 第二次修订

(5) Linux 的根分区系统类型可以设置成（ ）。
A. FAT16   B. FAT32   C. ext4   D. NTFS

3. 简答题

(1) 简述 Linux 的体系结构。

(2) 使用虚拟机安装 Linux 系统时，为什么要先选择"稍后安装操作系统"，而不是先选择"安装程序系统映像文件"？

(3) 安装 CentOS 系统的基本磁盘分区有哪些？

(4) CentOS 系统支持的文件类型有哪些？

(5) 忘记 root 密码如何解决？

项目 2

Linux操作基础

【项目导读】

在计算机中，用户是无法直接与硬件或者内核交互的。用户一般通过应用程序发送指令给内核，内核在收到指令后分析用户需求，调度硬件资源来完成操作。在 Linux 系统中，这个应用程序就是 Shell，本项目将针对 Shell 进行详细讲解。

Linux 操作系统秉持"一切皆文件"的思想，将其中的文件、目录、设备等全部当作文件来管理。文件管理命令是 Linux 常用命令基础，是至关重要的一部分。本项目将对文件和目录结构进行讲解，对常用命令进行讲解。

vi、vim 编辑器是 Linux 系统下最常用的文本编辑器，工作在字符模式下，由于不使用图形界面，vim 的工作效率非常高，并且它在系统和服务管理中的功能是其他带图形界面的编辑器无法比拟的。本项目将介绍 vi、vim 文本编辑器的基本工作原理和利用 vim 编写简单文档。

本项目还将介绍 Shell 中的重定向、管道符和转义字符等知识。

综上所述，本项目要完成的任务有：Shell 的讲解，文件、目录及常用命令的讲解，vi、vim 文本编辑器的讲解和其他相关知识的讲解。

【项目目标】

➢ 认识 Shell；
➢ 命令格式与通配符；
➢ 文件及目录结构；
➢ 文件目录操作命令；
➢ 常用系统工作命令；
➢ 系统状态检测命令；
➢ 查找定位文件命令；
➢ vi、vim 文本编辑器；
➢ 认识重定向；
➢ 认识管道符；
➢ 常用的转义字符；
➢ 重要的环境变量。

【项目地图】

任务 2.1　Shell 和常用操作命令

【任务工单】任务工单 2-1：Shell 和常用操作命令

任务名称	Shell 和常用操作命令				
组别		成员		小组成绩	
学生姓名				个人成绩	
任务情境	Shell 是 Linux 的一个特殊程序，本任务的目标是认识 Shell 的基本原理，掌握 Shell 的常用命令和命令的基本原理。				
任务目标	认识 Shell，掌握 Shell 的常用命令。				
任务要求	按本任务后面列出的具体任务内容，完成 Shell 常用命令的使用。				
知识链接					
计划决策					
任务实施	1. 认识 Shell。 2. 命令格式与通配符。 3. 文件及目录结构。 4. 文件目录操作命令。 5. 常用系统工作命令。 6. 系统状态检测命令。 7. 查找定位文件命令。				
检查	1. 认识 Shell；2. 文件及目录结构；3. Shell 常用命令。				
实施总结					
小组评价					
任务点评					

【前导知识】

Shell 是系统的用户界面，提供了用户与内核进行交互操作的一种接口。它接收用户输入的命令并把它送入内核去执行。不论是哪一种 Shell，它最主要的功用是解译使用者在命令提示符号下输入的指令。Shell 语法分析命令列，把它分解成以空白区分开的符号（token），在此空白符号包括了跳位键（tab）、空白和换行（New Line）。如果这些字包含了 metacharacter，Shell 将会评估（evaluate）它们的正确用法。另外，Shell 还管理档案输入输出及幕后处理（background processing）。在处理命令列之后，Shell 会寻找命令并开始执行它们。

【任务内容】

1. 认识 Shell。
2. 命令格式与通配符。
3. 文件及目录结构。
4. 文件目录操作命令。
5. 常用系统工作命令。
6. 系统状态检测命令。
7. 查找定位文件命令。

【任务实施】

1. 认识 Shell

（1）Shell 定义

Shell 是系统的用户界面，提供了用户与内核进行交互操作的一种接口（命令解释器）。它接收用户输入的命令并把它送入内核去执行，起着协调用户与系统的一致性和在用户与系统之间进行交互的作用。Shell 在 Linux 系统上具有极其重要的地位，如图 2-1 所示。

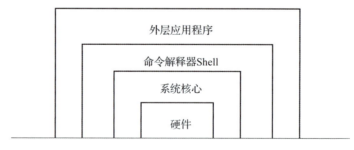

图 2-1　Linux 系统结构

（2）Shell 功能

命令行解释是 Shell 最重要的功能。Linux 系统中的所有可执行文件都可以使用 Shell 来执行。

（3）Shell 主要版本

Bourne Shell：是贝尔实验室开发的版本。

BASH：是 GNU 的 Bourne Again Shell，是 GNU 操作系统上默认的 Shell。

Korn Shell：是对 Bourne Shell 的发展，在大部分情况下与 Bourne Shell 兼容。

C Shell：是 SUN 公司 Shell 的 BSD 版本。

2. 命令格式与通配符

（1）命令格式

常见的执行 Linux 命令的格式如下：

```
命令名称    [命令参数]    [命令参数]
```

命令名称：就是操作动作，如创建文件、浏览文件、启动服务等。

命令参数：确定命令操作程度，使命令能更好地满足需求。如创建 gid 为 666 的用户组、仅查看文件的后 5 行、查看目录下所有文件等。参数可以用长格式即"－－单词"，如 cat －－help，也可以用短格式即前缀用"－字母"，如 ls －l。

命令对象：一般指要处理的文件、目录、用户等，也就是命令的操作对象。如创建目录、查看/etc/hosts 文件、重启服务等。

注意：命令名称、命令参数与命令对象之间要用空格进行分隔，且字母严格区分大小写。

例如：

```
[root@master ~]# ls
[root@master ~]# ls -al /etc
[root@master ~]# cat /etc/passwd
[root@master ~]# man --help
```

（2）目录和文件名的命名规则

在 Linux 下可以使用长文件或目录名，文件或目录名任意，但必须遵循下列规则：

①可以长达 255 个字符。

②除了/之外，所有的字符都合法。

③最好不用如空格符、制表符、退格符和字符?、@、#、$、&、( )、\、|、;、' '、" "、< >等。

④避免使用 +、－ 或 . 作为普通文件名的第一个字符。

⑤大小写敏感。

⑥以 "." 开头的文件或目录是隐藏的。

（3）通配符

①＊：匹配任意字符和任意长度的字符。

②?：匹配单一数目的任意字符。

③ [ ]：匹配 [ ] 之内的任意一个字符。

④ [！]：匹配除了 [！] 之外的任意一个字符,！表示非的意思。

例如：

```
ls*.c:列出当前目录下的所有C语言源文件。
ls test?.dat:列出当前目录下的以 test 开始的,随后一个字符是任意的.dat 文件。
ls[abc]*:列出当前目录下的首字符是 a 或 b 或 c 的所有文件。
ls[! abc]*:列出当前目录下的首字符不是 a 或 b 或 c 的所有文件。
ls[a-zA-Z]*:列出当前目录下的首字符是字母的所有文件。
```

3. 文件及目录结构

(1) 文件定义

Linux 中一切皆为文件，文件类型也有多种，使用 ls -l 命令可以查看文件的属性，所显示结果的第一列的第一个字符用来表明该文件的文件类型，如图 2-2 所示。文件的类型有以下几种：

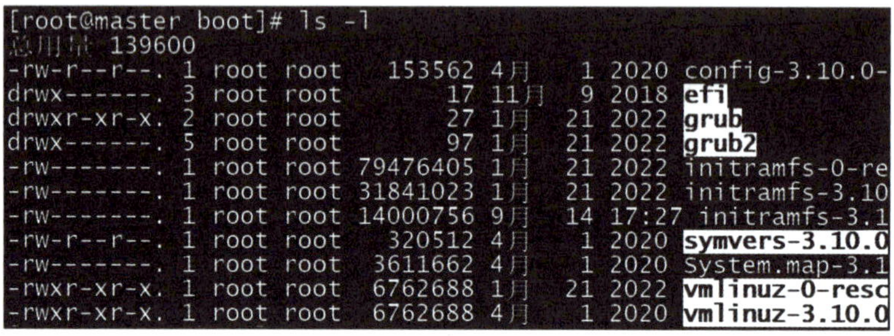

```
[root@master boot]# ls -l
总用量 139600
-rw-r--r--. 1 root root   153562 4月   1 2020 config-3.10.0-
drwx------. 3 root root       17 11月  9 2018 efi
drwxr-xr-x. 2 root root       27 1月  21 2022 grub
drwx------. 5 root root       97 1月  21 2022 grub2
-rw-------. 1 root root 79476405 1月  21 2022 initramfs-0-re
-rw-------. 1 root root 31841023 1月  21 2022 initramfs-3.10
-rw-------. 1 root root 14000756 9月  14 17:27 initramfs-3.1
-rw-r--r--. 1 root root   320512 4月   1 2020 symvers-3.10.0
-rw-------. 1 root root  3611662 4月   1 2020 System.map-3.1
-rwxr-xr-x. 1 root root  6762688 1月  21 2022 vmlinuz-0-resc
-rwxr-xr-x. 1 root root  6762688 4月   1 2020 vmlinuz-3.10.0
```

图 2-2　查看文件类型

①普通文件（ - ）。

②目录（ d ）。

③链接文件（ l ）。

④字符设备文件（ c ）。

⑤块设备文件（ b ）。

⑥套接字（ s ）。

⑦命名管道（ p ）。

(2) 普通文件

普通文件（字符为“ - ”）仅仅就是字节序列，Linux 并没有对其内容规定任何的结构。普通文件可以是程序源代码（C、C ++ 、Python、Perl 等）、可执行文件（文件编辑器、数据库系统、出版工具、绘图工具等）、图片、声音、图像等。Linux 不会区别对待这些普通文件，只有处理这些文件的应用程序才会根据文件的内容赋予相应的含义。在 Linux 环境下，只要是可执行的文件并具有可执行属性，它就能执行，不管其文件名后缀是什么。但是对一些数据文件，一般也遵循一些文件名后缀规则。

(3) 目录

Linux 中的目录也是文件，目录文件中保存着该目录下其他文件的 inode 号和文件名等信息，目录文件中的每个数据项都是指向某个文件 inode 号的链接，删除文件名就等于删除与之对应的链接。目录文件的字体颜色一般是蓝色的，使用 ls -l 命令查看，第一个字符为“d”（directory）。

（4）链接文件

链接文件一般指的是一个文件的软连接（或符号链接），使用 ls -l 命令查看，第一个符号为“l”，文件名为浅蓝色，如图 2-3 所示。

```
[root@master dev]# ls -l
总用量 0
crw-rw----. 1 root video   10, 175 9月  14 17:26 agpgart
crw-------. 1 root root    10, 235 9月  14 17:26 autofs
drwxr-xr-x. 2 root root        180 9月  14 17:26 block
drwxr-xr-x. 2 root root         80 9月  14 17:26 bsg
crw-------. 1 root root    10, 234 9月  14 17:26 btrfs-cont
rol
lrwxrwxrwx. 1 root root          3 9月  14 17:26 cdrom -> s
r0
drwxr-xr-x. 2 root root         80 9月  14 17:26 centos
drwxr-xr-x. 2 root root       2700 9月  14 17:27 char
crw-------. 1 root root     5,   1 9月  14 17:27 console
lrwxrwxrwx. 1 root root         11 9月  14 17:26 core -> /p
roc/kcore
```

图 2-3　查看链接文件

core 就是一个链接文件，从结果上还可以看到它是文件 kcore 的软链接，如果删除原文件 kcore，对应的软链接文件 core 也会消失。可以使用 ln 命令来创建一个文件的链接文件。

1）软链接

软链接（又称符号链接），使用 ln -s file file_softlink 命令可以创建一个文件的软链接文件：

```
[root@master ~]# ln  -s test.txt  test_softlink
```

软链接相当于给原文件创建了一个快捷方式，如果删除原文件，则对应的软链接文件也会消失。

2）硬链接

硬链接，相当于给原文件取了个别名，其实两者是同一个文件，删除二者中任何一个，另一个不会消失；对其中任何一个进行更改，另一个内容也会随之改变，因为这两个本质上是同一个文件，只是名字不同。使用 ls -i 命令查看，可以发现硬链接的两个文件的 inode 号是一样的，如图 2-4 所示。

```
[root@master tmp]# ls -li
总用量 0
18192672 -rw-r--r--. 2 root root 0 9月  14 17:53 test.doc
18192672 -rw-r--r--. 2 root root 0 9月  14 17:53 test-hard.d
oc
18192673 lrwxrwxrwx. 1 root root 8 9月  14 17:53 test-soft.d
oc -> test.doc
```

图 2-4　查看硬链接文件

同样，使用 ln 命令可以创建一个文件的硬链接：

```
[root@master ~]# ln  test.doc  test-hard.doc
```

（5）设备文件

Linux 中的硬件设备如硬盘、鼠标等也都被表示为文件，即为设备文件。设备文件一般存放在/dev/目录下，文件名为黄色，如图 2－5 所示。

```
[root@master dev]# ls
agpgart            network_throughput   tty22   tty59
autofs             null                 tty23   tty6
block              nvram                tty24   tty60
bsg                oldmem               tty25   tty61
btrfs-control      port                 tty26   tty62
cdrom              ppp                  tty27   tty63
centos             ptmx                 tty28   tty7
char               pts                  tty29   tty8
console            random               tty3    tty9
core               raw                  tty30   ttyS0
cpu                rtc                  tty31   ttyS1
cpu_dma_latency    rtc0                 tty32   ttyS2
crash              sda                  tty33   ttyS3
disk               sda1                 tty34   uhid
dm-0               sda2                 tty35   uinput
```

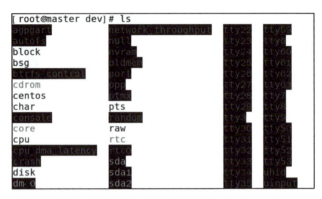

图 2－5　查看设备文件

设备文件分两种：

1）块设备文件

块设备文件支持以块（block）为单位的访问方式。在 ext4 文件系统中，一个 block 通常为 4 KB 的大小，也就是说，每次可以存取 4 096（或其整数倍）字节的数据。应用程序可以随机访问块设备文件的数据，程序可以自行确定数据的位置。硬盘、软盘等都是块设备。使用 ls －l 命令查看，块设备文件的第一个字符是“b”（block）。

2）字符设备文件

字符设备文件以字节流的方式进行访问，由字符设备驱动程序来实现这种特性，这通常要用 open、close、read、write 等系统调用。字符终端、串口和键盘等就是字符设备。另外，由于字符设备文件是以文件流的方式进行访问的，因此可以顺序读取，但通常不支持随机存取。使用 ls －l 命令查看，字符设备文件的第一个字符是“c”（char）。

（6）套接字

套接字主要用于不同计算机间网络通信的一种特殊文件，标识为“s”。

（7）管道文件（FIFO 文件）

管道文件主要用于进程间通信，使用 ls －l 命令查看，第一个字符为“p”（pipe），如图 2－6 所示。可以使用 mkfifo 命令来创建一个管道文件：

```
[root@master ~]# ls -l
总用量 12
-rw-------. 1 root root 1699 1月  21 2022 anaconda-ks.cfg
prw-r--r--. 1 root root    0 9月  14 18:03 fifo.pipe
-rw-r--r--. 1 root root 1747 1月  21 2022 initial-setup-ks.c
fg
-rw-r--r--. 1 root root   19 1月  24 2022 test.txt
```

图 2－6　查看管道文件

```
mkfifo fifo_file
```

在 FIFO 中可以很好地解决在无关进程间进行数据交换的要求，FIFO 的通信方式类似于在进程中使用文件来传输数据，只不过 FIFO 类型的文件同时具有管道的特性，在读取数据时，FIFO 管道中同时清除数据。

（8）熟悉目录结构

Linux 文件系统是一个目录树的结构，文件系统结构从一个根目录开始，如图 2-7 所示，根目录下可以有任意多个文件和子目录，子目录中又可以有任意多个文件和子目录。Linux 的这种文件系统结构使得一个目录和它包含的文件/子目录之间形成一种层次关系。

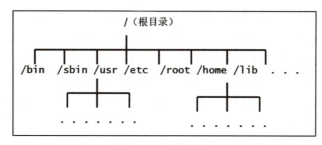

图 2-7　目录结构

以下是对这些目录的解释：

①/bin：bin 是 Binaries（二进制文件）的缩写，这个目录存放着常用命令。

②/boot：存放的是启动 Linux 时使用的一些核心文件，包括一些连接文件以及镜像文件。

③/dev：dev 是 Device（设备）的缩写。该目录下存放的是 Linux 的外部设备，在 Linux 中访问设备的方式和访问文件的方式是相同的。

④/etc：etc 是 Etcetera 的缩写，这个目录用来存放所有的系统管理所需要的配置文件和子目录。

⑤/home：用户的主目录，在 Linux 中，每个用户都有一个自己的目录，一般该目录名是以用户的账号命名的。

⑥/lib：lib 是 Library（库）的缩写。这个目录里存放着系统最基本的动态连接共享库，其作用类似于 Windows 里的 DLL 件。几乎所有的应用程序都需要用到这些共享库。

⑦/lost+found：这个目录一般情况下是空的，当系统非法关机后，这里就存放了一些文件。

⑧/media：Linux 系统会自动识别一些设备，例如 U 盘、光驱等，一般会把识别的设备挂载到这个目录下。

⑨/mnt：系统提供该目录是为了让用户临时挂载别的文件系统的，可以将光驱挂载在 /mnt 上，然后进入该目录就可以查看光驱里的内容了。

⑩/opt：opt 是 optional（可选）的缩写。这是给主机额外安装软件所摆放的目录。比如

安装一个 MariaDB 数据库，则可以放到这个目录下，默认是空的。

⑪/proc：proc 是 Processes（进程）的缩写。/proc 是一种伪文件系统（也即虚拟文件系统），存储的是当前内核运行状态的一系列特殊文件，这个目录是一个虚拟的目录，它是系统内存的映射，可以通过直接访问这个目录来获取系统信息。

⑫/root：该目录为系统管理员，也称作超级权限者的用户主目录。

⑬/sbin：s 就是 Super User 的意思，是 Superuser Binaries（超级用户的二进制文件）的缩写，这里存放的是系统管理员使用的系统管理程序。

⑭/srv：该目录存放一些服务启动之后需要提取的数据。

⑮/sys：这是 Linux 2.6 内核的一个很大的变化。该目录下安装了 2.6 内核中新出现的一个文件系统 sysfs。sysfs 文件系统集成了 3 种文件系统的信息：针对进程信息的 proc 文件系统、针对设备的 devfs 文件系统以及针对伪终端的 devpts 文件系统。

⑯/tmp：tmp 是 temporary（临时）的缩写。这个目录是用来存放一些临时文件的。

⑰/usr：usr 是 UNIX Shared Resources（共享资源）的缩写。这是一个非常重要的目录，用户的很多应用程序和文件都放在这个目录下，类似于 Windows 下的 program files 目录。

⑱/var：var 是 variable（变量）的缩写。这个目录中存放着在不断扩充着的东西，习惯将那些经常被修改的目录放在这个目录下，包括各种日志文件。

⑲/run：是一个临时文件系统，存储系统启动以来的信息。当系统重启时，这个目录下的文件应该被删掉或清除。

4. 文件目录操作命令

（1）绝对路径与相对路径

Linux 的目录结构为树状结构，最顶级的目录为根目录 "/"。其他目录通过挂载可以将它们添加到树中，通过解除挂载可以移除它们。

①绝对路径：绝对路径就是无论从外部还是内部访问，都能够通过此路径找到目录，由根目录 "/" 写起，例如：/etc/yum.repos.d/这个目录。

②相对路径：相对路径是相对于当前目录而言的，其他位置的文件和路径只能通过内部访问，不是由 "/" 写起，例如由/usr/share/doc 要到/usr/share/man 文件时，可以写成 cd ../man，这就是相对路径的写法。

（2）处理目录的常用命令

①ls(list files)：列出目录及文件名。

②cd(change directory)：切换目录。

③pwd(print work directory)：显示当前的目录。

④mkdir(make directory)：创建新的目录。

⑤rmdir(remove directory)：删除一个空的目录。

⑥cp(copy file)：复制文件或目录。

⑦rm(remove)：删除文件或目录。

⑧mv(move file)：移动文件与目录，或修改文件与目录的名称。

可以使用 man [命令] 来查看各个命令的使用文档，如 man ls。

(3) 目录操作命令详解

1) ls（列出目录）

在 Linux 系统当中，ls 命令可能是最常被运行的。

语法：

```
[root@www ~]# ls [-aAdfFhilnrRSt] 目录名称
[root@www ~]# ls [--color={never,auto,always}] 目录名称
[root@www ~]# ls [--full-time] 目录名称
```

参数：

-a：全部的文件，连同隐藏文件（开头为 . 的文件）一起列出来；

-d：仅列出目录本身，而不是列出目录内的文件数据；

-l：长数据串列出，包含文件的属性与权限等数据。

例如：将当前用户家目录下的所有文件列出来（含属性与隐藏文件）。

```
[root@www ~]# ls -al ~
```

2) cd（切换目录）

cd 是 Change Directory 的缩写，这是用来变换工作目录的命令。

语法：

```
cd[相对路径或绝对路径]
```

例如：

使用绝对路径切换到 /home/ red 目录：

```
[root@www ~]# cd /home/red
```

使用相对路径切换到 /home/ red 目录：

```
[root@www home]# cd ./red/
```

切换到目前的上一级目录，即是 red 目录的上一级目录：

```
[root@www ~]# cd ..
```

3) pwd（显示目前所在的目录）

pwd 是 Print Working Directory 的缩写，显示当前所在目录的命令。

语法：

```
[root@www ~]# pwd [-P]
```

参数：

-P：显示出确实的路径，而非使用连接（link）路径。

例如：

显示出目前的工作目录：

```
[root@www ~]# pwd
```

4）mkdir（创建新目录）

语法：

```
mkdir [-mp] 目录名称
```

参数：

-m：配置文件的权限，直接配置，不需要看默认权限（umask）。

-p：帮助用户直接将所需的目录（包含上一级目录）递归创建起来。

例如：在/tmp 下创建新目录 test。

```
[root@www ~]# cd /tmp
[root@www tmp]# mkdir test
```

5）rmdir（删除空的目录）

语法：

```
rmdir [-p] 目录名称
```

参数：

-p：从该目录起，一次删除多级空目录。

例如：

```
删除 test 目录
[root@www tmp]# rmdir test/
```

6）cp（复制文件或目录）

cp 即拷贝文件和目录。

语法：

```
[root@www ~]# cp [-adfilprsu] 来源文件(source) 目标文件(destination)
[root@www ~]# cp [options] source1 source2 source3 .... directory
```

参数：

-a：相当于 -pdr 的意思。pdr 参数请参考下列解析：

-d：若来源为链接文件的属性（link file），则复制链接文件属性而非文件本身；

-f：为强制（force）的意思，若目标文件已经存在且无法开启，则移除后再尝试一次；

-i：若目标（destination）已经存在时，在覆盖时会先询问动作的进行（常用）；

-l：进行硬链接文件（hard link）的创建，而非复制文件本身；

-p：连同文件的属性一起复制过去，而非使用默认属性（备份常用）；

-r：递归持续复制，用于目录的复制行为（常用）；

-s：复制成符号链接文件（symbolic link）；

-u：若 destination 比 source 旧，则升级 destination。

例如：用 root 身份，将 root 目录下的 .bashrc 复制到/tmp 下，并命名为 bashrc。

```
[root@www ~]# cp ~/.bashrc /tmp/bashrc
[root@www ~]# cp -i ~/.bashrc /tmp/bashrc
cp: overwrite '/tmp/bashrc'? n  (n 不覆盖,y 为覆盖)
```

7）rm（移除文件或目录）

语法：

```
rm [-fir] 文件或目录
```

参数：

-f：就是 force 的意思，忽略不存在的文件，不会出现警告信息；

-i：交互模式，在删除前会询问使用者是否动作；

-r：递归删除，最常用于目录的删除。

例如：

将在 cp 的实例中创建的 bashrc 删除掉。

```
[root@www tmp]# rm -i bashrc
rm: remove regular file 'bashrc'? y
```

8）mv（移动文件与目录，或修改名称）

语法：

```
[root@www ~]# mv [-fiu] source destination
[root@www ~]# mv [options] source1 source2 source3 .... directory
```

参数：

-f：force，强制的意思，如果目标文件已经存在，不会询问而直接覆盖；

-i：若目标文件（destination）已经存在，就会询问是否覆盖；

-u：若目标文件已经存在，且 source 比较新，则会升级（update）。

例如：

复制一个文件，创建一个目录，将文件移动到目录中。

```
[root@www ~]# cd /tmp
[root@www tmp]# cp ~/.bashrc bashrc
[root@www tmp]# mkdir mvtest
[root@www tmp]# mv bashrc mvtest
```

例如：将目录名称 mvtest 更名为 mvtest2。

```
[root@www tmp]# mv mvtest mvtest2
```

（4）处理文件的常用命令

文件内容查看命令：

①cat：由第一行开始显示文件内容。

②tac：从最后一行开始显示，可以看出 tac 是由 cat 倒着写的。

③nl：显示的时候，同时输出行号。

④more：一页一页地显示文件内容。

⑤less：与 more 类似，但是比 more 更好的是，可以往前翻页。

⑥head：只看头几行。

⑦tail：只看最后几行。

⑧grep：文本搜索。

⑨touch：创建空白文件或设置文件的时间。

⑩tar：打包压缩或解压。

可以使用 man［命令］来查看各个命令的使用文档，如：man grep。

（5）文件内容查看命令详解

1）cat

由第一行开始显示文件内容。

语法：

```
cat [ -AbEnTv ]
```

参数：

-A：相当于 v、E、T 的组合选项，可列出一些特殊字符而不是空白而已；

-b：列出行号，仅针对非空白行作行号显示，空白行不标行号；

-E：将结尾的断行字节 $ 显示出来；

-n：列出行号，空白行也会有行号，与 -b 的选项不同；

-T：将 Tab 按键以 ^I 显示出来；

-v：列出一些看不出来的特殊字符。

例如：

检看 /etc/issue 这个文件的内容。

```
[root@www ~]# cat /etc/issue
CentOS release 5.4 (Final)
Kernel \r on an \m
```

2）tac

tac 与 cat 命令刚好相反，文件内容从最后一行开始显示，可以看出 tac 是由 cat 倒着写的。

例如：

```
[root@www ~]# tac /etc/issue
Kernel \r on an \m
CentOS release 5.4 (Final)
```

3）nl

显示行号。

语法：

nl [-bnw] 文件

参数：

-b：指定行号的方式，主要有两种：

-b a：表示不论是否为空行，都同样列出行号（类似于 cat -n）；

-b t：如果有空行，空的那一行不要列出行号（默认值）。

例如：

用 nl 列出 /etc/issue 的内容。

```
[root@www ~]# nl /etc/issue
     1  CentOS release 5.4 (Final)
     2  Kernel \r on an \m
```

4）more

一页一页翻动。

```
[root@www ~]# more /etc/man_db.config
#
# Generated automatically from man.conf.in by the
# configure script.
#
# man.conf from man-1.6d
....(中间省略)....
--More--(28%)
```

在 more 这个程序的运行过程中，有几个按键是可以按的：

Space（空白键）：代表向下翻一页；

Enter：代表向下翻一行；

/字串：代表在这个显示的内容当中，向下搜寻"字串"这个关键字；

q：代表立刻离开 more 程序，不再显示该文件内容；

b 或 [ctrl]-b：代表往回翻页，不过这动作只对文件有用。

5）less

一页一页翻动，以下实例输出 /etc/man.config 文件的内容：

```
[root@www ~]# less /etc/man.config
#
# Generated automatically from man.conf.in by the
# configure script.
#
# man.conf from man-1.6d
....(中间省略)....
:   <==这里可以等待你输入命令!
```

less 运行时可以输入的命令有:

空白键:向下翻动一页;

pagedown:向下翻动一页;

pageup:向上翻动一页;

/字串:向下搜寻字串的功能;

?字串:向上搜寻字串的功能;

n:重复前一个搜寻(与/或?有关);

N:反向重复前一个搜寻(与/或?有关);

q:离开 less 这个程序。

6) head

取出文件前面几行。

语法:

```
head [-n number] 文件
```

参数:

-n:后面接数字,代表显示几行。

例如:

```
[root@www ~]# head /etc/man.config
```

默认的情况中,显示前面 10 行。若要显示前 20 行,语法如下:

```
[root@www ~]# head -n 20 /etc/man.config
```

7) tail

取出文件后面几行。

语法:

```
tail [-n number] 文件
```

参数:

-n:后面接数字,代表显示几行。

-f:实现不停地读取和显示文件的内容,以监视文件内容的变化,按 Ctrl+C 组合键才结束 tail。

例如：

```
[root@www ~]# tail /etc/man.config
```

默认的情况中，显示最后的 10 行。若要显示最后的 20 行，语法如下：

```
[root@www ~]# tail -n 20 /etc/man.config
```

8）grep 用于按行提取文本内容。

语法：

```
grep [参数] 文件名称
```

grep 命令是用途最广泛的文本搜索匹配工具。grep 命令两个最常用的参数：

-n 参数用来显示搜索到的信息的行号；

-v 参数用于反选信息（即没有包含关键词的所有信息行）。

在 Linux 系统中，/etc/passwd 文件保存着所有的用户信息，而一旦用户的登录终端被设置成/sbin/nologin，则不再允许登录系统，因此可以使用 grep 命令查找出当前系统中不允许登录系统的所有用户的信息：

```
[root@www ~]# grep /sbin/nologin /etc/passwd
bin:x:1:1:bin:/bin:/sbin/nologin
daemon:x:2:2:daemon:/sbin:/sbin/nologin
adm:x:3:4:adm:/var/adm:/sbin/nologin
lp:x:4:7:lp:/var/spool/lpd:/sbin/nologin
mail:x:8:12:mail:/var/spool/mail:/sbin/nologin
operator:x:11:0:operator:/root:/sbin/nologin
games:x:12:100:games:/usr/games:/sbin/nologin
……省略部分输出过程信息……
```

9）touch

touch 命令用于创建空白文件或设置文件的时间。

语法

```
touch [参数] 文件名称
```

对 touch 命令，有难度的操作主要体现在设置文件内容的修改时间（Mtime）、文件权限或属性的更改时间（Ctime）与文件的访问时间（Atime）上面。touch 命令的参数如下：

-a：仅修改"读取时间"（atime）。

-m：仅修改"修改时间"（mtime）。

-d：同时修改 atime 与 mtime。

接下来，先使用 ls 命令查看一个文件的修改时间，随后修改这个文件，最后再查看一下文件的修改时间，看是否发生了变化：

```
[root@www ~]# ls -l anaconda-ks.cfg
-rw-------. 1 root root 1213 May   4 15:44 anaconda-ks.cfg
[root@www ~]# echo "Visit the Localhost.com to learn linux skills" >> anaconda-ks.cfg
[root@www ~]# ls -l anaconda-ks.cfg
-rw-------. 1 root root 1260 Aug   2 01:26 anaconda-ks.cfg
```

如果不想让别人知道修改了它，那么这时就可以用 touch 命令把修改后的文件时间设置成修改之前的时间：

```
[root@www ~]# touch -d "2020-05-04 15:44" anaconda-ks.cfg
[root@www ~]# ls -l anaconda-ks.cfg
-rw-------. 1 root root 1260 May   4 15:44 anaconda-ks.cfg
```

10）tar

tar 命令用于对文件进行打包压缩或解压。

语法：

tar 参数 文件名称

在 Linux 系统中，主要使用的是 .tar、.tar.gz 或 .tar.bz2 格式，这些格式大部分都是由 tar 命令生成的。tar 命令的参数及其作用如下：

-c：创建压缩文件。

-x：解开压缩文件。

-t：查看压缩包内有哪些文件。

-z：用 gzip 压缩或解压。

-j：用 bzip2 压缩或解压。

-v：显示压缩或解压的过程。

-f：目标文件名。

-p：保留原始的权限与属性。

-P：使用绝对路径来压缩。

-C：指定解压到的目录。

例如：打包压缩与解压的操作，先使用 tar 命令把 /etc 目录通过 gzip 格式进行打包压缩，并把文件命名为 etc.tar.gz：

```
[root@www ~]# tar czvf etc.tar.gz /etc
tar: Removing leading '/' from member names
/etc/
/etc/fstab
/etc/crypttab
/etc/mtab
```

```
/etc/fonts/
/etc/fonts/conf.d/
/etc/fonts/conf.d/65-0-madan.conf
/etc/fonts/conf.d/59-liberation-sans.conf
/etc/fonts/conf.d/90-ttf-arphic-uming-embolden.conf
/etc/fonts/conf.d/59-liberation-mono.conf
/etc/fonts/conf.d/66-sil-nuosu.conf
…………省略部分压缩过程信息…………
```

接下来将打包后的压缩包文件指定解压到/root/etc 目录中（先使用 mkdir 命令创建/root/etc 目录）：

```
[root@www ~]# mkdir /root/etc
[root@www ~]# tar xzvf etc.tar.gz -C /root/etc
etc/
etc/fstab
etc/crypttab
etc/mtab
etc/fonts/
etc/fonts/conf.d/
etc/fonts/conf.d/65-0-madan.conf
etc/fonts/conf.d/59-liberation-sans.conf
etc/fonts/conf.d/90-ttf-arphic-uming-embolden.conf
etc/fonts/conf.d/59-liberation-mono.conf
etc/fonts/conf.d/66-sil-nuosu.conf
etc/fonts/conf.d/65-1-vlgothic-gothic.conf
etc/fonts/conf.d/65-0-lohit-bengali.conf
etc/fonts/conf.d/20-unhint-small-dejavu-sans.conf
…………省略部分解压过程信息…………
```

5. 常用系统工作命令

（1）echo 命令

echo 命令用于在终端设备上输出字符串或变量提取后的值。

语法：

```
echo [字符串] [$变量]
```

例如，把指定字符串"Linux.com"输出到终端屏幕的命令为：

```
[root@www ~]# echo Linux.com
```

例如，使用"$变量"的方式提取出变量 SHELL 的值，并将其输出到屏幕上：

```
[root@www ~]# echo $SHELL
/bin/bash
```

（2）date 命令

date 命令用于显示或设置系统的时间与日期。

语法：

```
date [ +指定的格式]
```

用户只需在强大的 date 命令后输入以"+"号开头的参数，即可按照指定格式来输出系统的时间或日期，这样在日常工作时便可以把备份数据的命令与指定格式输出的时间信息结合到一起。例如，把打包后的文件自动按照"年-月-日"的格式打包成"backup-2022-3-1.tar.gz"，用户只需要看一眼文件名称就能大致了解到每个文件的备份时间了。date 命令中常见的参数格式及其作用见表 2-1。

表 2-1　date 命令中的参数及其作用

参数	作用
%S	秒（00~59）
%M	分钟（00~59）
%H	小时（00~23）
%I	小时（00~12）
%m	月份（1~12）
%p	显示出 AM 或 PM
%a	缩写的工作日名称（例如：Sun）
%A	完整的工作日名称（例如：Sunday）
%b	缩写的月份名称（例如：Jan）
%B	完整的月份名称（例如：January）
%q	季度（1~4）
%y	简写年份（例如：20）
%Y	完整年份（例如：2020）
%d	本月中的第几天
%j	今年中的第几天
%n	换行符（相当于按下回车键）
%t	跳格（相当于按下 Tab 键）

例如，按照默认格式查看当前系统时间的 date 命令如下所示：

```
[root@www ~]#date
Sat Sep 5 09:13:45 CST 2022
```

例如，按照"年-月-日 小时:分钟:秒"的格式查看当前系统时间的 date 命令如下所示：

```
[root@www ~]# date "+%Y-%m-%d %H:%M:%S"
2022-09-05 09:14:35
```

例如,将系统的当前时间设置为 2022 年 9 月 1 日 8 点 30 分的 date 命令如下所示:

```
[root@www ~]# date -s "20220901 8:30:00"
2022 年 09 月 01 日 星期四 08:30:00 CST
```

(3) reboot 命令

reboot 命令用于重启系统,输入该命令后按回车键执行即可。

由于重启计算机这种操作会涉及硬件资源的管理权限,因此最好是以 root 管理员的身份来重启,普通用户在执行该命令时可能会被拒绝。reboot 的命令如下:

```
[root@www ~]# reboot
```

(4) poweroff 命令

poweroff 命令用于关闭系统,输入该命令后按回车键执行即可。

该命令也会涉及硬件资源的管理权限,因此最好还是以 root 管理员的身份来关闭电脑,其命令如下:

```
[root@www ~]# poweroff
```

(5) wget 命令

wget(web get)命令用于在终端命令行中下载网络文件。

语法格式:

```
wget [参数] 网址
```

借助于 wget 命令,无须打开浏览器,直接在命令行界面中就能下载文件。如果没有 Linux 系统的管理经验,当前只需了解一下 wget 命令的参数以及作用。表 2-2 所列为 wget 命令中的参数以及参数的作用。

表 2-2 wget 命令中的参数以及参数的作用

参数	作用
-b	后台下载模式
-P	下载到指定目录
-t	最大尝试次数
-c	断点续传
-p	下载页面内所有资源,包括图片、视频等
-r	递归下载

使用 wget 命令递归下载 localhost.baidu.com 网站内的所有页面数据以及文件,下载完成后会自动保存到当前路径下一个名为 localhost.baidu.com 的目录中。该命令的执行结果如下:

```
[root@www ~]# wget -r -p https://localhost.baidu.com
```

(6) ps 命令

ps(processes)命令用于查看系统中的进程状态。

语法格式:

```
ps [参数]
```

ps 命令的常见参数以及作用见表 2-3。

表 2-3　ps 命令中的参数以及作用

参数	作用
-a	显示所有进程(包括其他用户的进程)
-u	用户以及其他详细信息
-x	显示没有控制终端的进程

Linux 系统中时刻运行着许多进程,如果能够合理地管理它们,则可以优化系统的性能。在 Linux 系统中有 5 种常见的进程状态,分别为运行、中断、不可中断、僵死与停止,其各自含义如下:

①R(运行):进程正在运行或在运行队列中等待。

②S(中断):进程处于休眠中,当某个条件形成后或者接收到信号时,则脱离该状态。

③D(不可中断):进程不响应系统异步信号,即便用 kill 命令,也不能将其中断。

④Z(僵死):进程已经终止,但进程描述符依然存在,直到父进程调用 wait4()系统函数后将进程释放。

⑤T(停止):进程收到停止信号后停止运行。

(7) pstree 命令

pstree(process tree)命令用于以树状图的形式展示进程之间的关系,输入该命令后,按回车键执行即可。

(8) top 命令

top 命令用于动态地监视进程活动及系统负载等信息,输入该命令后,按回车键执行即可。

前面介绍的命令都是静态地查看系统状态,不能实时滚动最新数据,而 top 命令能够动态地查看系统状态,因此完全可以将它看作是 Linux 中的"任务管理器",是好用的性能分析工具,如图 2-8 所示。

图 2-8　top 命令执行结果

(9) kill 命令

kill 命令用于终止某个指定 PID 值的服务进程。

语法格式：

```
kill [参数] 进程的 PID
[root@www ~]# kill 10917
```

但有时系统会提示进程无法被终止，此时可以加参数 -9，表示最高级别地强制杀死进程。

```
[root@www ~]# kill -9 10917
```

(10) killall 命令

killall 命令用于终止某个指定名称的服务所对应的全部进程。

语法格式：

```
killall [参数] 服务名称
[root@www ~]# killall vsftpd
```

6. 系统状态检测命令

作为 Linux 系统维护人员，要尽快了解 Linux 服务器，必须具备快速查看系统运行状态的能力，因此要学习网卡网络、系统内核、系统负载、内存使用情况、当前启用终端数量、历史登录记录、命令执行记录以及救援诊断等相关命令的使用方法。

(1) ifconfig 命令

ifconfig (interface config) 命令用于获取网卡配置与网络状态等信息。

语法格式：

```
ifconfig [参数] [网络设备]
```

使用 ifconfig 命令来查看本机当前的网卡配置与网络状态等信息时，其实主要查看的就是网卡名称、inet 参数后面的 IP 地址、ether 参数后面的网卡物理地址（又称为 MAC 地址），以及 RX、TX 的接收数据包与发送数据包的个数及累计流量。

```
[root@www ~]# ifconfig
ens32: flags=4163<UP,BROADCAST,RUNNING,MULTICAST> mtu 1500
        inet 192.168.100.20 netmask 255.255.255.0 broadcast 192.168.100.255
        inet6 fe80::e097:60f1:786e:d63d prefixlen 64 scopeid 0x20<link>
        ether 00:0c:29:9c:3c:e1 txqueuelen 1000 (Ethernet)
        RX packets 1209 bytes 121433 (118.5 KiB)
        RX errors 0 dropped 0 overruns 0 frame 0
        TX packets 985 bytes 222680 (217.4 KiB)
        TX errors 0 dropped 0 overruns 0 carrier 0 collisions 0

lo: flags=73<UP,LOOPBACK,RUNNING> mtu 65536
        inet 127.0.0.1 netmask 255.0.0.0
        inet6 ::1 prefixlen 128 scopeid 0x10<host>
        loop txqueuelen 1000 (Local Loopback)
        RX packets 88 bytes 6059 (5.9 KiB)
        RX errors 0 dropped 0 overruns 0 frame 0
        TX packets 88 bytes 6059 (5.9 KiB)
        TX errors 0 dropped 0 overruns 0 carrier 0 collisions 0

virbr0: flags=4099<UP,BROADCAST,MULTICAST> mtu 1500
        inet 192.168.122.1 netmask 255.255.255.0 broadcast 192.168.122.255
......
```

（2）uname 命令

uname（unix name）命令用于查看系统内核版本与系统架构等信息。

语法格式：

uname [-a]

在使用 uname 命令时，一般要固定搭配上 -a 参数来完整地查看当前系统的内核名称、主机名、内核发行版本、节点名、硬件名称、硬件平台、处理器类型以及操作系统名称等信息。

```
[root@www ~]# uname -a
Linux www 3.10.0-1127.el7.x86_64 #1 SMP Tue Mar 31 23:36:51 UTC 2020 x86_64 x86_64 x86_64 GNU/Linux(3)uptime 命令
```

（3）uptime 命令

uptime 命令用于查看系统的负载信息，输入该命令后按回车键执行即可。

uptime 命令显示当前系统时间、系统已运行时间、启用终端数量以及平均负载值等信息。平均负载值指的是系统在最近 1 分钟、5 分钟、15 分钟内的负载情况，负载值越低越好。

```
[root@www ~]# uptime
10:57:25 up 5:24, 3 users, load average: 0.00, 0.01, 0.05
```

(4) free 命令

free 命令用于显示当前系统中内存的使用量信息。

语法格式：

```
free [ -h ]
```

为了保证 Linux 系统不会因资源耗尽而突然宕机，维护人员需要时刻关注内存的使用量。在使用 free 命令时，可以结合使用 -h 参数以更人性化的方式输出当前内存的实时使用量信息，如果不使用 -h 查看内存使用量情况，则默认以 KB 为单位。

```
[root@www ~]# free -h
              total        used        free      shared    buff/cache   available
Mem:          1.8G         756M        340M        19M         723M        882M
Swap:         2.0G         0B          2.0G
```

(5) who 命令

who 命令用于查看当前登录主机的用户终端信息，输入该命令后按回车键执行即可。

这 3 个简单的字母可以快速显示出所有正在登录本机的用户名称以及他们正在开启的终端信息；如果有远程用户，还会显示出来访者的 IP 地址。

```
[root@www ~]# who
root     :0             2022 -09 -14 17:27 (:0)
root     pts/0          2022 -09 -14 17:27 (:0)
root     pts/1          2022 -09 -14 17:34 (192.168.100.1)
```

(6) last 命令

last 命令用于调取主机的被访记录，输入该命令后，按回车键执行即可。

Linux 系统会将每次的登录信息都记录到日志文件中，如果需查看用户登录记录，直接执行这条命令就行。

```
[root@www ~]# last
root     pts/1      192.168.100.1     Wed Sep 14 17:34 still logged in
root     pts/0      :0                Wed Sep 14 17:27 still logged in
root     :0         :0                Wed Sep 14 17:27 still logged in
```

(7) ping 命令

ping 命令用于测试主机之间的网络连通性。

语法格式：

```
ping [参数] 主机地址
```

执行 ping 命令时，系统会使用 ICMP 向远端主机发出要求回应的信息，若连接远端主机的网络没有问题，远端主机会回应该信息。ping 命令可用于判断远端主机是否在线并且网络是否正常。ping 命令的常见参数以及作用见表 2 -4。

表 2-4 ping 命令中的参数以及作用

参数	作用
-c	总共发送次数
-I	指定网卡名称
-i	每次间隔时间（s）
-W	最长等待时间（s）

使用 ping 命令测试一台在线的主机（其 IP 地址为 192.168.100.10），得到的回应是这样的：

```
[root@www ~]# ping -c 4 192.168.100.10
PING 192.168.100.10 (192.168.100.10) 56(84) bytes of data.
64 bytes from 192.168.100.10: icmp_seq=1 ttl=64 time=0.105 ms
64 bytes from 192.168.100.10: icmp_seq=2 ttl=64 time=0.117 ms
64 bytes from 192.168.100.10: icmp_seq=3 ttl=64 time=0.062 ms
64 bytes from 192.168.100.10: icmp_seq=4 ttl=64 time=0.045 ms

--- 192.168.100.10 ping statistics ---
4 packets transmitted, 4 received, 0% packet loss, time 3001ms
rtt min/avg/max/mdev = 0.045/0.082/0.117/0.030 ms
```

测试一台不在线的主机（其 IP 地址为 192.168.100.30），得到的回应是这样的：

```
[root@www ~]# ping -c 4 192.168.100.30
PING 192.168.100.30 (192.168.100.30) 56(84) bytes of data.
From 192.168.100.20 icmp_seq=1 Destination Host Unreachable
From 192.168.100.20 icmp_seq=2 Destination Host Unreachable
From 192.168.100.20 icmp_seq=3 Destination Host Unreachable
From 192.168.100.20 icmp_seq=4 Destination Host Unreachable

--- 192.168.100.30 ping statistics ---
4 packets transmitted, 0 received, +4 errors, 100% packet loss, time 3009ms
pipe 4
```

（8）tracepath 命令

tracepath 命令用于显示数据包到达目的主机时途中经过的所有路由信息。

语法格式：

tracepath [参数] 域名

当两台主机之间无法正常 ping 通时，要考虑两台主机之间是否有错误的路由信息，导致数据被某一台设备错误地丢弃。这时便可以使用 tracepath 命令追踪数据包到达目的主机时途中的所有路由信息，以分析是哪台设备出了问题，如下面：

```
[root@www ~]# tracepath www.baidu.com
 1?: [LOCALHOST]                                        pmtu 1500
 1: gateway                                              1.109ms
 1: gateway                                              0.370ms
 2: no reply
 3: no reply
…………省略部分输出信息…………
```

（9）netstat 命令

netstat（network status）命令用于显示如网络连接、路由表、接口状态等的网络相关信息。

语法格式：

```
netstat [参数]
```

只要 netstat 命令使用得当，便可以查看到网络状态的所有信息。netstat 命令的常见参数以及作用见表 2-5。

表 2-5　netstat 命令中的参数以及作用

参数	作用
-a	显示所有连接中的 Socket
-p	显示正在使用的 Socket 信息
-t	显示 TCP 协议的连接状态
-u	显示 UDP 协议的连接状态
-n	使用 IP 地址，不使用域名
-l	仅列出正在监听的服务状态
-i	显示网卡列表信息
-r	显示路由表信息

使用 netstat 命令显示详细的网络状况：

```
[root@www ~]# netstat -a
Active Internet connections (servers and established)
Proto Recv-Q Send-Q Local Address            Foreign Address         State
tcp        0      0 0.0.0.0:sunrpc           0.0.0.0:*               LISTEN
tcp        0      0 www:domain               0.0.0.0:*               LISTEN
tcp        0      0 0.0.0.0:ssh              0.0.0.0:*               LISTEN
tcp        0      0 localhost:ipp            0.0.0.0:*               LISTEN
tcp        0      0 localhost:smtp           0.0.0.0:*               LISTEN
tcp        0      0 0.0.0.0:microsoft-ds     0.0.0.0:*               LISTEN
tcp        0      0 0.0.0.0:netbios-ssn      0.0.0.0:*               LISTEN
…………省略部分输出信息…………
```

使用 netstat 命令显示网卡列表：

```
[root@www ~]#netstat -i
Kernel Interface table
Iface             MTU    RX-OK RX-ERR RX-DRP RX-OVR    TX-OK TX-ERR TX-DRP TX-OVR Flg
ens32            1500    1742       0      0      0    1424      0      0      0 BMRU
lo              65536     100       0      0      0     100      0      0      0 LRU
virbr0           1500       0       0      0      0       0      0      0      0 BMU
```

（10）history 命令

history 命令用于显示执行过的命令历史。

语法格式：

```
history [-c]
```

执行 history 命令能显示出当前用户在本地计算机中执行过的最近 1 000 条命令记录。如果觉得 1 000 不够用，可以自定义 /etc/profile 文件中的 HISTSIZE 变量值。在使用 history 命令时，可以使用 -c 参数清空所有的命令历史记录。还可以使用"！数字"的方式来重复执行某一次的命令。

```
[root@www ~]#history
    1  nmtui
    2  hostnamectl status
    3  hostnamectl set-hostname centos
[root@www ~]#!3
```

历史命令会被保存到用户家目录中的 .bash_history 文件中。Linux 系统中以点（.）开头的文件均代表隐藏文件，这些文件大多数为系统服务文件，可以用 cat 命令查看其文件内容：

```
[root@www ~]#cat ~/.bash_history
```

要清空当前用户在本机上执行的 Linux 命令历史记录信息，可执行如下命令：

```
[root@www ~]#history -c
```

7. 查找定位文件命令

（1）find 命令

find 命令用于按照指定条件来查找文件所对应的位置。

语法格式：

```
find [查找范围] 寻找条件
```

项目 2　Linux 操作基础

在 Linux 系统中，搜索工作一般都是通过 find 命令来完成的，它可以使用不同的文件特性作为寻找条件（如文件名、大小、修改时间、权限等信息），一旦匹配成功，则默认将信息显示到屏幕上。find 命令的参数以及作用见表 2-6。

表 2-6　find 命令中的参数以及作用

参数	作用
-name	匹配名称
-perm	匹配权限（mode 为完全匹配，-mode 为包含即可）
-user	匹配所有者
-group	匹配所有组
-mtime -n +n	匹配修改内容的时间（-n 指 n 天以内，+n 指 n 天以前）
-atime -n +n	匹配访问文件的时间（-n 指 n 天以内，+n 指 n 天以前）
-ctime -n +n	匹配修改文件权限的时间（-n 指 n 天以内，+n 指 n 天以前）
-nouser	匹配无所有者的文件
-nogroup	匹配无所有组的文件
-newer f1 !f2	匹配比文件 f1 新但比 f2 旧的文件
-type b/d/c/p/l/f	匹配文件类型（后面的字幕字母依次表示块设备、目录、字符设备、管道、链接文件、文本文件）
-size	匹配文件的大小（+50 KB 为查找超过 50 KB 的文件，而 -50 KB 为查找小于 50 KB 的文件）
-prune	忽略某个目录
-exec …{}\;	后面可跟用于进一步处理搜索结果的命令（下文会有演示）

重点讲解 -exec 参数的重要作用，这个参数用于把 find 命令搜索到的结果交由紧随其后的命令作进一步处理。由于 find 命令对参数有特殊要求，因此虽然 exec 是长格式形式，但它的前面依然只需要一个减号（-）。

根据文件系统层次标准（Filesystem Hierarchy Standard）协议，Linux 系统中的配置文件会保存到 /etc 目录中。如果要想获取该目录中所有以 host 开头的文件列表，可以执行如下命令：

```
[root@www ~]# find /etc -name "host*" -print
/etc/host.conf
/etc/hosts
/etc/hosts.allow
/etc/hosts.deny
/etc/selinux/targeted/active/modules/100/hostname
/etc/hostname
/etc/avahi/hosts
```

如果要在整个系统中搜索权限中包括 SGID 权限的所有文件，只需使用 -2000 即可：

```
[root@www ~]# find / -perm -2000 -print
/run/log/journal
/run/log/journal/6fdeaeb9b03445c18a1d5c1e05bca351
/usr/bin/wall
/usr/bin/write
/usr/bin/ssh-agent
/usr/sbin/netreport
…………省略部分输出信息…………
```

在整个文件系统中找出所有归属于 localhost 用户的文件并复制到 /root/findresults 目录中，重点是 " -exec {}\;" 参数，其中的 {} 表示 find 命令搜索出的每一个文件，并且命令的结尾必须是 "\;"。具体命令如下：

```
[root@www ~]# find / -user centos -exec cp -a {} /root/findresults/ \;
```

（2）locate 命令

locate 命令用于按照名称快速搜索文件所对应的位置，语法格式：locate 文件名称。

使用 find 命令进行全盘搜索虽然更准确，但是效率有点低。如果仅仅是想找一些常见的且又知道大概名称的文件，不如使用 locate 命令。在使用 locate 命令时，先使用 updatedb 命令生成一个索引库文件，这个库文件的名字是 /var/lib/mlocate/mlocate.db，后续在使用 locate 命令搜索文件时，就是在该库中进行查找操作，速度会快很多。

第一次使用 locate 命令之前，记得先执行 updatedb 命令来生成索引数据库，然后再进行查找：

```
[root@www ~]# updatedb
[root@www ~]# ls -l /var/lib/mlocate/mlocate.db
-rw-r-----. 1 root slocate 2945917 Sep 13 17:54 /var/lib/mlocate/mlocate.db
```

使用 locate 命令搜索出所有包含 "whereis" 名称的文件所在的位置：

```
[root@www ~]# locate whereis
/usr/bin/whereis
/usr/share/bash-completion/completions/whereis
/usr/share/man/man1/whereis.1.gz
```

（3）whereis 命令

whereis 命令用于按照名称快速搜索二进制程序（命令）、源代码以及帮助文件所对应的位置，语法格式：whereis 命令名称。

whereis 命令也是基于 updatedb 命令所生成的索引库文件进行搜索，它与 locate 命令的区别是不关心那些相同名称的文件，仅仅是快速找到对应的命令文件及其帮助文件所在的位置。

使用 whereis 命令分别查找出 ls 和 pwd 命令所在的位置：

```
[root@www ~]# whereis ls
cat:      /usr/bin/cat      /usr/share/man/man1/cat.1.gz      /usr/share/man/man1p/cat.1p.gz
[root@www ~]# whereis touch
touch: /usr/bin/touch /usr/share/man/man1/touch.1.gz /usr/share/man/man1p/touch.1p.gz
```

（4）which 命令

which 命令用于按照指定名称快速搜索二进制程序（命令）所对应的位置，语法格式：which 命令名称。

which 命令是在 PATH 变量所指定的路径中，按照指定条件搜索命令所在的路径。如果既不关心同名文件（find 与 locate），也不关心命令所对应的源代码和帮助文件（whereis），仅仅是想找到命令本身所在的路径，那么这个 which 命令就太合适了。下面查找一下 locate 和 whereis 命令所对应的路径：

```
[root@www ~]# which head
/usr/bin/head
```

任务 2.2　文本编辑器 vi、vim

【任务工单】任务工单 2-2：文本编辑器 vi、vim

任务名称	文本编辑器 vi、vim				
组别		成员		小组成绩	
学生姓名				个人成绩	
任务情境	Linux 的文本编辑器有很多。vi 和 vim 是 Linux 最常用的文本编辑器。vi 和 vim 虽然没有图形界面编辑器那样单击鼠标的简单操作，但 vim 编辑器在系统管理、服务器管理方面的功能远比图形界面的编辑器强大。				
任务目标	理解 vim 的工作模式和使用，利用 vim 编写简单文档。				
任务要求	按本任务后面列出的具体任务内容，理解 vim 的工作原理，完成 vim 的基本操作。				
知识链接					

续表

计划决策	
任务实施	1. vi、vim 文本编辑器的基本工作原理。 2. 利用 vim 编写简单文档。
检查	1. vi、vim 文本编辑器的基本工作原理；2. 利用 vim 编写简单文档。
实施总结	
小组评价	
任务点评	

【前导知识】

vim（Visual Interface Improved）是 Linux 系统上第一个全屏幕交互式编辑程序。它可以执行输出、删除、查找、替换、块操作等众多文本操作，而且用户可以根据自己的需要对其进行定制，这是其他编辑程序所没有的特性。vim 不是一个排版程序，它只是一个文本编辑程序。vim 没有菜单，只有较多的命令，且其命令简短、使用方便。vim 是 Linux 系统中最常用的编辑器。

【任务内容】

1. vi、vim 文本编辑器的基本工作原理。
2. 利用 vim 编写简单文档。

【任务实施】

1. vi、vim 文本编辑器

vi 文本编辑器是 Linux 系统自带的编辑器。vim 最早于 1991 年发布，英文全称为 Vi Improved，是 vi 编辑器的提升版本，其中最大的改进当属添加了代码着色功能，在某些编程场景下还能自动修正错误代码。

vim 得到广大厂商与用户的认可，原因是 vim 编辑器中设置了 3 种模式：命令模式、末行模式和编辑模式，每种模式支持多种命令快捷键，提高了效率。3 种模式的操作区别以及模式之间的切换方法如图 2-9 所示。vim 编辑器模式的切换方法。

①命令模式：控制光标移动，可进行复制、粘贴、删除和查找内容等工作。
②输入模式：修改文件内容。
③末行模式：保存或退出文件。

在运行 vim 编辑器时，默认进入命令模式，此时需要先切换到输入模式后才能编辑文件。编辑好文档后，需按 Esc 键返回命令模式，然后再进入末行模式，保存或退出文档。在 vim 中，输入模式不能直接切换到末行模式。vim 编辑器中内置的命令特别多，下面列举了常用的命令，见表 2-7。

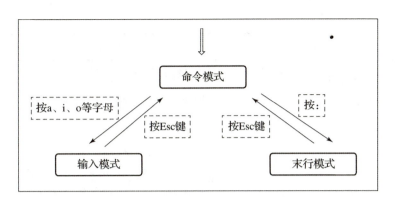

图 2-9　vim 编辑器模式的切换方法

表 2-7　命令模式中最常用的一些命令

命令	作用
dd	删除（剪切）光标所在整行
5dd	删除（剪切）从光标处开始的 5 行
yy	复制光标所在整行
5yy	复制从光标处开始的 5 行
n	显示搜索命令定位到的下一个字符串
N	显示搜索命令定位到的上一个字符串
u	撤销上一步的操作
p	将之前删除（dd）或复制（yy）过的数据粘贴到光标后面

末行模式主要用于保存或退出文件，以及设置 vim 编辑器的工作环境。在命令模式中输入 ":"，则切换到了末行模式。末行模式下常用的命令见表 2-8。

表 2-8　末行模式中最常用的一些命令

命令	作用
:w	保存
:q	退出
:q!	强制退出（放弃对文档的修改内容）
:wq!	强制保存退出
:set nu	显示行号
:set nonu	不显示行号
:命令	执行该命令
:整数	跳转到该行

续表

命令	作用
:s/one/two	将当前光标所在行的第一个 one 替换成 two
:s/one/two/g	将当前光标所在行的所有 one 替换成 two
:%s/one/two/g	将全文中的所有 one 替换成 two
?字符串	在文本中从下至上搜索该字符串
/字符串	在文本中从上至下搜索该字符串

2. 编写简单文档

①编写脚本文档的第 1 步就是取文件名字为 test.txt。如果存在该文档，则是打开它；如果不存在，则是创建一个临时的 test.txt 文件，如图 2-10 所示。

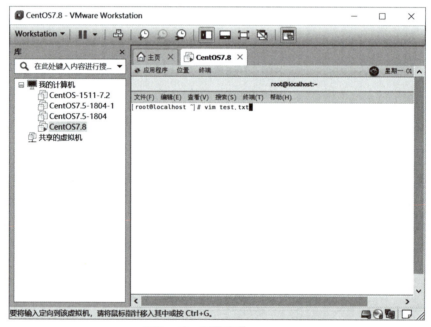

图 2-10　创建文件 test.txt

②打开 test.txt 文档后，默认进入的是 vim 编辑器的命令模式。此时只能执行该模式下的命令，而不能随意输入文本内容，使用 a、i、o 三个键中任意一个键从命令模式切换到输入模式，然后可以编写文档，其中，a 键与 i 键分别是在光标后面一位和光标当前位置切换到输入模式，而 o 键则是在光标的下面再创建一个空行，此时可按 a 键进入编辑器的输入模式，如图 2-11 所示。

③进入输入模式后，输入文本内容，如图 2-12 所示。

④在编写完之后，要想保存并退出，必须先按 Esc 键从输入模式切换到命令模式，然后再输入":wq!"切换到末行模式，才能完成保存退出文档，如图 2-13 所示。

图 2–11　文件编辑输入模式

图 2–12　输入模式编辑文本内容

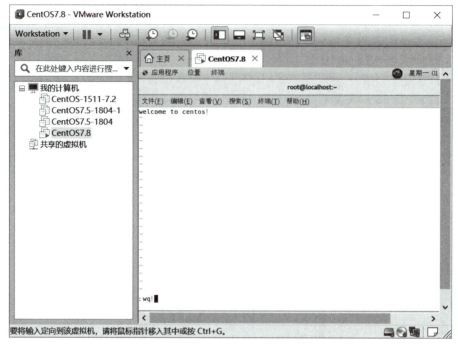

图 2-13　末行模式保存退出

⑤当在末行模式中输入":wq!"命令时,表示强制保存并退出文档。用 cat 命令查看保存后的文档内容,如图 2-14 所示。

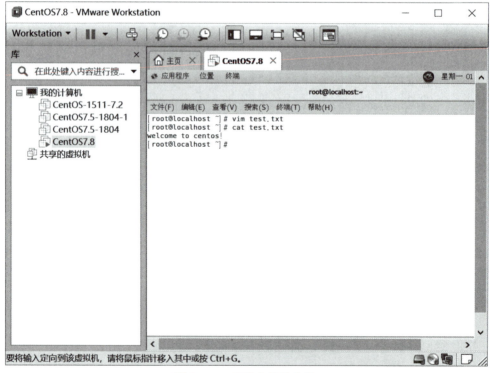

图 2-14　查看文件的内容

任务 2.3　重定向、管道符、转义字符和重要环境变量

【任务工单】任务工单 2-3：重定向、管道符、转义字符和重要环境变量

任务名称	重定向、管道符、转义字符和重要环境变量			
组别		成员	小组成绩	
学生姓名			个人成绩	
任务情境	用户要理解重定向、管道符的概念和原理，掌握它们的使用方法；用户要掌握转义字符和重要环境变量的概念与使用方法。			
任务目标	掌握重定向、管道符、转义字符和重要环境变量的使用方法。			
任务要求	按本任务后面列出的具体任务内容，掌握重定向、管道符、转义字符和重要环境变量的使用方法。			
知识链接				
计划决策				
任务实施	1. 重定向的使用。 2. 管道符的使用。 3. 常用的转义字符。 4. 重要的环境变量。			
检查	1. 重定向的使用；2. 管道符的使用；3. 常用的转义字符；4. 重要的环境变量。			
实施总结				
小组评价				
任务点评				

【前导知识】

Linux 重定向是指修改原来默认的一些东西，对原来系统命令的默认执行方式进行改变，比如说不想看到在显示器上输出，而是希望输出到某一文件中就可以通过 Linux 重定向来进行这项工作。管道符主要用于多重命令处理，前面命令的打印结果作为后面命令的输入。就像工厂的流水线一样，进行完一道工序后，继续传送给下一道工序处理。对于一个给定的字母表，一个转义字符的目的是开始一个字符序列，使得转义字符开头的该字符序列具有不同于该字符序列单独出现时的语义。Linux 环境变量也称之为 Shell 环境变量，以下划线和字母打头，由下划线、字母（区分大小写）和数字组成，习惯上使用大写字母，例如 PATH、

HOSTNAME、LANG 等。

【任务内容】

1. 重定向的使用。
2. 管道符的使用。
3. 常用的转义字符。
4. 重要的环境变量。

【任务实施】

1. 重定向

输入重定向是指把文件导入命令中,而输出重定向则是指把原本要输出到屏幕的数据信息写入指定文件中。相较于输入重定向,输出重定向的使用频率更高。输出重定向分为标准输出重定向和错误输出重定向两种不同的技术,以及清空写入与追加写入两种模式。

对于输入重定向来讲,用到的符号及其作用见表 2-9。

表 2-9 输入重定向中用到的符号及其作用

符号	作用
命令 < 文件	将文件作为命令的标准输入
命令 << 分界符	从标准输入中读入,直到遇见分界符才停止
命令 < 文件1 > 文件2	将文件1作为命令的标准输入,并将标准输出到文件2

例如:使用输入重定向把 test.txt 文件导入给 wc -l 命令,统计一下文件中的内容行数:

```
[root@www ~]# wc -c < test.txt
20
```

对于输出重定向来讲,用到的符号及其作用见表 2-10。

表 2-10 输出重定向中用到的符号及其作用

符号	作用
命令 > 文件	将标准输出重定向到一个文件中(清空原有文件的数据)
命令 2> 文件	将错误输出重定向到一个文件中(清空原有文件的数据)
命令 >> 文件	将标准输出重定向到一个文件中(追加到原有内容的后面)
命令 2>> 文件	将错误输出重定向到一个文件中(追加到原有内容的后面)

例如,分别查看两个文件的属性信息,先创建出第一个文件,而第二个文件是不存在

的。所以，虽然针对这两个文件的操作都分别会在屏幕上输出一些信息，但这两个操作的差异其实很大。

```
[root@www ~]# touch localhost
[root@www ~]# ls -l localhost
-rw-r--r--. 1 root root 0 Aug 5 05:35 localhost
[root@www ~]# ls -l hhh
ls: cannot access hhh: No such file or directory
```

在上述命令中，名为 localhost 的文件存在，输出信息是该文件的一些相关权限、所有者、所属组、文件大小及修改时间等，这也是该命令的标准输出信息。而名为 hhh 的第二个文件是不存在的，因此在执行完 ls 命令之后显示的报错提示信息也是该命令的错误输出信息。那么，要想把原本输出到屏幕上的结果信息写入文件当中，需分别处理这两种输出信息。

```
[root@www ~]# ls -l localhost > /tmp/localhost.txt
[root@www ~]# ls -l hhh 2 > /tmp/hhh.txt
```

2. 管道符

管道符，符号为"|"，其执行格式为"命令 A | 命令 B"。管道命令符的作用是把前一个命令原本要输出到屏幕的信息当作后一个命令的标准输入。

例如，把 ls 命令的输出值传递给 wc 统计命令，即把原本要输出到屏幕的用户信息列表再交给 wc 命令作进一步的加工，因此只需要把管道符放到两条命令之间即可，具体如下：

```
[root@www ~]# ls /etc/ | wc -l
275
```

例如，在修改用户密码时，通常都需要输入两次密码以进行确认，这在编写自动化脚本时将成为一个非常致命的缺陷。通过把管道符和 passwd 命令的 --stdin 参数相结合，可以用一条命令来完成密码重置操作。

```
[root@www ~]# echo "localhost" | passwd --stdin root
Changing password for user root.
passwd: all authentication tokens updated successfully.
```

3. 常用的转义字符

Shell 解释器有丰富的转义字符来处理输入的特殊数据。4 个最常用的转义字符如下所示：

①反斜杠(\)：将反斜杠后面的一个变量变为单纯的字符。
②单引号(')：转义其中所有的变量为单纯的字符串。

③双引号(" ")：保留其中的变量属性，不进行转义处理。

④反引号(` `)：把其中的命令执行后返回结果。

例如：为 NUMBER 的变量赋值为 6，然后输出以双引号括起来的字符串与变量信息。

```
[root@www ~]# NUMBER = 6
[root@www ~]# echo "Number is $NUMBER"
Number is 6
```

希望能够输出"Number is $6"，即"价格是 6 美元"的字符串内容，但美元符号与变量提取符号合并后的 $$ 的作用是显示当前程序的进程 ID 号码，于是命令执行后输出的内容并不是预期的。

```
[root@www ~]# echo "Number is $ $NUMBER"
Number is 2151NUMBER
```

想让第一个"$"作为美元符号，那么就需要使用反斜杠(\)来进行转义，将这个命令提取符转义成单纯的文本，去除其特殊功能。

```
[root@www ~]# echo "Number is \$ $NUMBER"
Number is $6
```

如果只需要某个命令的输出值，可以像命令这样，将命令用反引号括起来。例如，将反引号与 uname -a 命令结合，然后使用 echo 命令来查看本机的 Linux 版本和内核信息：

```
[root@www ~]# echo `uname -a`
Linux www 3.10.0-1127.el7.x86_64 #1 SMP Tue Mar 31 23:36:51 UTC 2020 x86_64 x86_64 x86_64 GNU/Linux
```

4. 重要的环境变量

变量是用于保存可变值的数据类型。在 Linux 系统中，变量名称一般都是大写的，命令则都是小写的。Linux 系统中的环境变量是用来定义系统运行环境的一些参数，比如每个用户不同的家目录、邮件存放位置等。可以直接通过变量名称来提取到对应的变量值。

在 Linux 系统中，一切都是文件，Linux 命令也不例外。那么，在用户执行了一条命令之后，命令在 Linux 中的执行分为 4 个步骤。

①判断用户是否以绝对路径或相对路径的方式输入命令（如/bin/ls），如果是绝对路径，则直接执行，否则进入第②步继续判断。

②Linux 系统检查用户输入的命令是否为"别名命令"，即用一个自定义的命令名称来替换原本的命令名称。

③Bash 解释器判断用户输入的是内部命令还是外部命令。内部命令是解释器内部的指令，会被直接执行；而用户在绝大部分时间输入的是外部命令，这些命令交由步骤④继续处理。可以使用"type 命令名称"来判断用户输入的命令是内部命令还是外部命令：

```
[root@www ~]# type echo
echo 是 shell 内嵌
[root@www ~]# type uptime
uptime 是 /usr/bin/uptime
```

④系统在多个路径中查找用户输入的命令文件,而定义这些路径的变量为 PATH,作用是告诉 Bash 解释器待执行的命令可能存放的位置,然后 Bash 解释器就会在这些位置中逐个查找。PATH 是由多个路径值组成的变量,每个路径值之间用冒号间隔,对这些路径的增加和删除操作将影响到 Bash 解释器对 Linux 命令的查找。

```
[root@www ~]# echo $PATH
/usr/local/sbin:/usr/local/bin:/usr/sbin:/usr/bin:/root/bin
[root@www ~]# PATH = $PATH:/root/bin
[root@www ~]# echo $PATH
/usr/local/sbin:/usr/local/bin:/usr/sbin:/usr/bin:/root/bin:/root/bin
```

最重要的 10 个环境变量见表 2-11。

表 2-11　Linux 系统中最重要的 10 个环境变量

变量名称	作用
HOME	用户的主目录(即家目录)
SHELL	用户正在使用的 Shell 解释器名称
HISTSIZE	输出的历史命令记录条数
HISTFILESIZE	保存的历史命令记录条数
MAIL	邮件保存路径
LANG	系统语言、语系名称
RANDOM	生成一个随机数字
PS1	Bash 解释器的提示符
PATH	定义解释器搜索用户执行命令的路径
EDITOR	用户默认的文本编辑器

Linux 作为一个多用户、多任务的操作系统,能够为每个用户提供独立的、合适的工作运行环境。因此,一个相同的变量会因为用户身份的不同而具有不同的值。

例如,使用下述命令来查看 HOME 变量在不同的用户身份下的不同值。

```
[root@www ~]# echo $HOME
/root
```

```
[root@www ~]# su - linux
[linux@www ~]$ echo $HOME
/home/linux
```

其实变量是由固定的变量名与用户或系统设置的变量值两部分组成的，可以创建变量来满足工作需求。

例如，设置一个名称为 WORKDIR 的变量，以方便用户更轻松地进入一个层次较深的目录。

```
[root@www ~]# mkdir /home/workdir
[root@www ~]# WORKDIR=/home/workdir
[root@www ~]# cd $WORKDIR
[root@www workdir]# pwd
/home/workdir
```

但是，这样的变量不具有全局性，作用范围也有限，默认情况下不能被其他用户使用。

```
[root@www workdir]# su linux
[linux@www ~]$ cd $WORKDIR
[linux@www ~]$ echo $WORKDIR
[linux@www ~]$ exit
```

如果需要，可以使用 export 命令将其提升为全局变量，这样其他用户也就可以使用它了。

```
[root@www ~]# export WORKDIR
[root@www ~]# su linux
[linux@www ~]$ cd $WORKDIR
[linux@www workdir]$ pwd
/home/workdir
```

以后不使用这个变量了，则可执行 unset 命令把它取消掉。

```
[root@www ~]# unset WORKDIR
```

【知识考核】

1. 填空题

（1）Linux 操作系统是_____的操作系统，它允许多个用户同时登录到系统，使用系统资源。

（2）_____代表当前的目录，也可以使用./来表示。_____代表上一层目录，也可以用../来代表。

（3）Linux 的文件系统是采用阶层式的_____结构，在该结构中的最上层是_____。

（4）若文件名前多一个"."，则代表该文件为_____。可以使用_____命令查看隐藏文件。

（5）在 Linux 系统中，所创建的用户账户及其相关信息（密码除外）均放在_____配置文件中。

2. 选择题

（1）（　　）目录存放用户密码信息。

A. /etc　　　　　B. /var　　　　　C. /dev　　　　　D. /boot

（2）用户登录系统后，首先进入（　　）目录。

A. /home　　　　B. /root 的主目录　　C. /usr　　　　D. 用户自己的家目录

（3）存放 Linux 基本命令的目录是（　　）。

A. /bin　　　　　B. /tmp　　　　　C. /lib　　　　　D. /root

（4）下面参数可以删除一个用户并同时删除用户的主目录的是（　　）。

A. rmuser – r　　　　　　　　　　B. deluser – r

C. userdel – r　　　　　　　　　　D. usermgr – r

（5）系统管理员应该采用的安全措施是（　　）。

A. 把 root 密码告诉每一位用户

B. 设置 telnet 服务来提供远程系统维护

C. 经常检测账户数量、内存信息和磁盘信息

D. 当员工辞职后，立即删除该用户账户

项目 3
管理用户、用户组和文件权限

【项目导读】

Linux 是一个真正的多用户、多任务操作系统,它允许多个用户同时登录到系统上使用系统资源。系统根据账户来区分每个用户的文件、进程、任务,给每个用户提供特定的工作环境(如用户的工作目录、Shell 版本以及 X – Windows 环境配置等),使每个用户的工作都能独立、不受干扰地进行。Linux 将同一类型的用户归为一个组群,可通过设置组群的权限来批量设置用户的权限。Linux 系统进行用户和组管理的目的是保证系统中用户的数据和进程的安全。本项目将较详细地介绍用户和用户组的基本概念和对它们的管理。

Linux 操作系统秉持"一切皆文件"的思想,将其中的文件、目录、设备等全部当作文件来管理,因此,对文件系统的认识是学习 Linux 的一个重要部分。为了安全起见,在 Linux 中的每一个文件或者目录都包含有访问权限,这些权限决定了谁能访问和如何访问这些文件或目录。

综上所述,本项目要完成的任务有:认识用户和用户组、管理用户和用户组、认识文件系统、理解文件和文件权限。

【项目目标】

- ➢ 用户和用户组的基本概念;
- ➢ 账户文件;
- ➢ 管理用户;
- ➢ 管理用户组;
- ➢ 使用 su 命令和 sudo 命令;
- ➢ 认识文件系统;
- ➢ 理解文件和文件权限。

【项目地图】

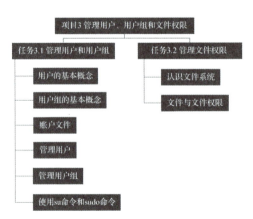

任务 3.1　管理用户和用户组

【任务工单】任务工单 3-1：管理用户和用户组

任务名称	管理用户和用户组			
组别		成员	小组成绩	
学生姓名			个人成绩	
任务情境	由于 Linux 支持多用户使用，当多个用户登录使用同一个 Linux 系统时，需要对各个用户进行管理，以保证用户文件的安全存取。本任务主要介绍如何对 Linux 中的用户和用户组进行管理。			
任务目标	用户和用户组基本概念，管理用户和用户组。			
任务要求	按本任务后面列出的具体任务内容，完成对用户和用户组的管理。			
知识链接				
计划决策				
任务实施	1. 理解用户和用户组的基本概念。 2. 认识账户文件。 3. 对用户的管理。 4. 对用户组的管理。 5. 使用 su 命令和 sudo 命令。			
检查	1. 用户和用户组的基本概念；2. 账户文件；3. 对用户和用户组的管理；4. su 和 sudo 命令。			
实施总结				
小组评价				
任务点评				

【前导知识】

在 Linux 系统中，每个用户都拥有唯一的标识符，称为用户 ID。Linux 系统中，用户至少属于一个组，称为用户组。用户分组是由系统管理员建立的，一个用户分组内包含若干个用户，一个用户也可以归属于不同的分组。用户分组也有唯一的标识符，称为分组 ID。对某个文件的访问都是以文件的用户 ID 和分组 ID 为基础的。同时，根据用户和分组信息可以控制如何授权用户访问系统，以及允许访问后用户可以进行的操作权限。用户的权限可以被定义为普通用户和超级用户，超级用户也被称为 root 用户。普通用户只能访问自己的文件和其他有权限访问的文件，而超级用户权限最大，可以访问系统的全部文件并执行任何操作。

普通用户也可以用 su 命令使自己转变为超级用户。

【任务内容】

1. 掌握用户和用户组的基本概念。
2. 理解账户文件。
3. 对用户进行管理。
4. 对用户组进行管理。
5. 掌握 su 命令和 sudo 命令的使用。

【任务实施】

1. 用户的基本概念

Linux 操作系统是多用户多任务的操作系统，允许多个用户同时登录到系统，使用系统资源。用户账户是用户的身份标识，每个用户都被分配了唯一的用户 ID 号（UID）。用户通过用户账户可以登录到系统，并且访问已经被授权的资源。系统依据账户来区分属于每个用户的文件、进程、任务，并给每个用户提供特定的工作环境（如用户的工作目录、shell 版本以及图形化的环境配置等），使每个用户都能各自不受干扰地独立工作。

Linux 系统下的用户账户分为三种：

①普通用户账户 UID≥1 000：在系统中只能进行普通工作，只能访问他们拥有的或者有权限执行的文件。

②系统用户账号 UID 为 1~999：Linux 系统为了避免因某个服务程序出现漏洞而被黑客提权至整台服务器，默认服务程序会由独立的系统用户负责运行，进而有效控制被破坏范围。

③超级用户账户 UID 为 0（root）：也叫管理员账户，它的任务是对普通用户和整个系统进行管理。超级用户账户对系统具有绝对的控制权，能够对系统进行一切操作。

2. 用户组的基本概念

用户组是具有相同特性的用户的逻辑集合，使用用户组有利于系统管理员按照用户的特性组织和管理用户，提高工作效率。有了用户组，在做资源授权时，可以把权限赋予某个用户组，用户组中的成员即可自动获得这种权限。一个用户账户可以同时是多个用户组的成员，其中某个用户组是该用户的主用户组（私有用户组），其他用户组为该用户的附属用户组（标准用户组）。用户和用户组的基本概念见表 3-1。

表 3-1　用户和用户组的基本概念

概念	描述
用户名	用来标识用户的名称，可以是字母、数字组成的字符串，区分大小写
密码	用于验证用户身份的特殊验证码
用户标识（UID）	用来表示用户的数字标识符

续表

概念	描述
用户主目录	用户的私人目录，也是用户登录系统后默认所在的目录
登录 shell	用户登录后默认使用的 shell 程序，默认为/bin/bash
用户组	具有相同属性的用户属于同一个用户组
用户组标识（GID）	用来表示用户组的数字标识符

在 Linux 系统中创建每个用户时，将自动创建一个与其同名的基本用户组，而且这个基本用户组只有该用户一个人。如果该用户以后被归纳到其他用户组，则这个其他用户组称为扩展用户组。一个用户只有一个基本用户组，但是可以有多个扩展用户组，从而满足日常的工作需要。

3. 账户文件

Linux 下的账户系统文件主要有/etc/passwd、/etc/shadow、/etc/group 和/etc/gshadow。

（1）/etc/passwd 文件

准备工作：新建用户 baby、user1、user2，将 user1 和 user2 加入 baby 用户组。

```
[root@www ~]# useradd baby
[root@www ~]# useradd user1
[root@www ~]# useradd user2
[root@www ~]# usermod -G baby user1
[root@www ~]# usermod -G baby user2
```

在 Linux 系统中，所创建的用户账户及其相关信息（密码除外）均放在/etc/passwd 配置文件中。用 vim 编辑器（或者使用 cat /etc/passwd）打开 passwd 文件，内容格式如下：

```
[root@www ~]# cat /etc/passwd
root:x:0:0:root:/root:/bin/bash
bin:x:1:1:bin:/bin:/sbin/nologin
daemon:x:2:2:daemon:/sbin:/sbin/nologin
......
user1:x:1002:1002::/home/user1:/bin/bash
```

文件中的每一行代表一个用户账户的资料，第一个用户是 root。然后是一些标准账户，此类账户的 shell 为/sbin/nologin，代表无本地登录权限。最后一行是由系统管理员创建的普通账户：user1。

passwd 文件的每一行用"："分隔为 7 个域，各域的内容如下：

用户名:加密口令:UID:GID:用户的描述信息:主目录:命令解释器(登录 shell)

passwd 文件中各字段的含义见表 3-2，其中少数字段的内容是可以为空的，但仍需使用":"进行占位来表示该字段。

表 3-2 passwd 文件字段说明

字段	说明
用户名	用户账号名称，用户登录时所使用的用户名
加密口令	用户口令，考虑系统的安全性，现在已经不使用该字段保存口令，而用字母 "x" 来填充该字段，真正的密码保存在 shadow 文件中
UID	用户号，唯一表示某用户的数字标识
GID	用户所属的私有组号，该数字对应 group 文件中的 GID
用户描述信息	可选的关于用户全名、用户电话等描述性信息
主目录	用户的宿主目录，用户成功登录后的默认目录
命令解释器	用户所使用的 shell，默认为 "/bin/bash"

（2）/etc/shadow 文件

由于所有用户对/etc/passwd 文件均有读取权限，为了增强系统的安全性，用户经过加密之后的口令都存放在/etc/shadow 文件中。/etc/shadow 文件只对 root 用户可读，因而大大提高了系统的安全性。shadow 文件的内容形式如下（cat /etc/shadow）：

```
[root@www ~]# cat /etc/shadow
root:$6$RuQSdwOqE08/TF0Z$s9hoEitK1AicN3O/SulgGMnJCWi5SZTl1RxIHZTPUAkYOGgp
YF2v62yisFYuzsVXgHbkmTLp5umVPN34I21tN/::0:99999:7:::
bin:*:18353:0:99999:7:::
daemon:*:18353:0:99999:7:::
......
```

shadow 文件保存投影加密之后的口令以及与口令相关的一系列信息，每个用户的信息在 shadow 文件中占用一行，并且用":"分隔为 9 个域，各域的含义见表 3-3。

表 3-3 shadow 文件字段说明

字段	说明
1	用户登录名
2	加密后的用户口令，*表示非登录用户,!! 表示没设置密码
3	从 1970 年 1 月 1 日起，到用户最近一次口令被修改的天数
4	从 1970 年 1 月 1 日起，到用户可以更改密码的天数，即最短口令存活期
5	从 1970 年 1 月 1 日起，到用户必须更改密码的天数，即最长口令存活期
6	口令过期前几天提醒用户更改口令
7	口令过期后几天账户被禁用
8	口令被禁用的具体日期（相对日期，从 1970 年 1 月 1 日至禁用时的天数）
9	保留域，用于功能扩展

(3)/etc/group 文件

group 文件位于"/etc"目录，用于存放用户的组账户信息，对于该文件的内容，任何用户都可以读取。每个用户组账户在 group 文件中占用一行，并且用":"分隔为 4 个域。每一行各域的内容如下（使用 cat /etc/group）：

用户组名称:用户组口令(一般为空,用 x 占位):GID:用户组成员列表

group 文件的内容形式如下：

```
[root@www ~]# cat /etc/group
root:x:0:
bin:x:1:
daemon:x:2:
sys:x:3:
adm:x:4:
tty:x:5:
disk:x:6:
baby:x:1001:user1,user2
user1:x:1002:
```

可以看出，root 的 GID 为 0，没有其他组成员。group 文件的用户组成员列表中如果有多个用户账户属于同一个用户组，则各成员之间以","分隔。在/etc/group 文件中，用户的主用户组并不把该用户作为成员列出，只有用户的附属用户组才会把该用户作为成员列出。例如，用户 baby 的主用户组是 baby，但/etc/group 文件中用户组 baby 的成员列表中并没有用户 baby，只有用户 user1 和 user2。

(4)/etc/gshadow 文件

/etc/gshadow 文件用于存放用户组的加密口令、组管理员等信息，该文件只有 root 用户可以读取。每个用户组账户在 gshadow 文件中占用一行，并以":"分隔为 4 个域。每一行中各域的内容如下：

用户组名称:加密后的用户组口令(没有就用!):用户组的管理员:用户组成员列表

gshadow 文件的内容形式如下：

```
[root@www ~]# cat /etc/gshadow
root:::
bin:::
daemon:::
sys:::
adm:::
tty:::
disk:::
```

4. 管理用户

(1) useradd 命令

在系统中新建用户可以使用 useradd 或者 adduser 命令。useradd 命令的格式是：

```
useradd [选项] <username>
```

useradd 命令有很多选项，见表 3-4。

表 3-4 useradd 命令选项

选项	说明
-c comment	用户的注释性信息
-d home_dir	指定用户的主目录
-e expire_date	禁用账号的日期，格式为 YYYY-MM-DD
-f inactive_days	设置账户过期多少天后用户账户被禁用。如果为 0，账户过期后将立即被禁用；如果为 -1，账户过期后将不被禁用
-g initial_group	用户所属主组群的组群名称或者 GID
-G group-list	用户所属的附属组群列表，多个组群之间用逗号分隔
-m	若用户主目录不存在，则创建它
-M	不要创建用户主目录
-n	不要为用户创建私人组群
-p passwd	加密的口令
-r	创建 UID 小于 500 的不带主目录的系统账号
-s shell	指定用户的登录 shell，默认为/bin/bash
-u UID	指定用户的 UID，它必须是唯一的，且大于 499

【例 3-1】新建用户 user3，UID 为 1010，指定其所属的私有组为 group1（group1 组的标识符为 1010），用户的主目录为/home/user3，用户的 shell 为/bin/bash，用户的密码为 123456，账户永不过期。

```
[root@www ~]# groupadd -g 1010 group1
[root@www ~]# useradd -u 1010 -g 1000 -d /home/user3 -s /bin/bash -p 123456 -f -1 user3
[root@www ~]# tail -1 /etc/passwd
user3:x:1010:1000::/home/user3:/bin/bash
```

如果新建用户已经存在，那么在执行 useradd 命令时，系统会提示该用户已经存在。

```
[root@www ~]# useradd user3
useradd:用户"user3"已存在
```

（2）passwd 命令

指定和修改用户账户口令的命令是 passwd。超级用户可以为自己和其他用户设置口令，而普通用户只能为自己设置口令。passwd 命令的格式为：

```
passwd [选项] [username]
```

passwd 命令的常用选项见表 3-5。

表 3-5　passwd 命令选项

选项	说明
-l	锁定（停用）用户账户
-u	口令解锁
-d	将用户口令设置为空，这与未设置口令的账户不同。未设置口令的账户无法登录系统，而口令为空的账户可以
-f	强迫用户下次登录时必须修改口令
-n	指定口令的最短存活期
-x	指定口令的最长存活期
-w	口令要到期前提前警告的天数
-i	口令过期后多少天停用账户
-S	显示账户口令的简短状态信息

【例 3-2】假设当前用户为 root，则下面的两个命令分别为 root 用户修改自己的口令和 root 用户修改 user1 用户的口令。

//root 用户修改自己的口令，直接用 passwd 命令回车即可

```
[root@www ~]# passwd
```

// root 用户修改 user1 用户的口令

```
[root@www ~]# passwd user1
```

注意：普通用户修改口令时，passwd 命令会首先询问原来的口令，只有验证通过才可以修改。而 root 用户为用户指定口令时，不需要知道原来的口令。为了系统安全，用户应选择包含字母、数字和特殊符号组合的复杂口令，且口令长度应至少为 8 个字符。如果密码复杂度不够，系统会提示"无效的密码：密码少于 8 个字符"。这时有两种处理方法：一种是再次输入刚才输入的简单密码，系统也会接受；另一种方法是更改为符合要求的密码。例如，P#ssw02d 为包含大小写字母、数字、特殊符号等的字符组合。

（3）修改用户账户

usermod 命令用于修改用户的属性，格式为

```
usermod [选项] 用户名
```

  Linux 系统中的一切都是文件，因此，在系统中创建用户也就是修改配置文件的过程。用户的信息保存在/etc/passwd 文件中，可以直接用文本编辑器来修改其中的用户参数项目，也可以用 usermod 命令修改已经创建的用户信息，如用户的 UID、基本/扩展用户组、默认终端等。usermod 命令的参数以及作用见表 3-6。

表 3-6   usermod 命令中的参数及作用

参数	作用
-c	填写用户账户的备注信息
-d -m	参数 -m 与参数 -d 连用，可重新指定用户的家目录并自动把旧的数据转移过去
-e	账户的到期时间，格式为 YYYY-MM-DD
-g	变更所属用户组
-G	变更扩展用户组
-L	锁定用户禁止其登录系统
-U	解锁用户，允许其登录系统
-s	变更默认终端
-u	修改用户的 UID

【例 3-3】账户用户 user1 的默认信息：

```
[root@www ~]# id user1
uid=1002(user1) gid=1002(user1) 组=1002(user1),1001(linux)
```

  将用户 user1 加入 root 用户组中，这样扩展组列表中会出现 root 用户组的字样，而基本组不会受到影响：

```
[root@www ~]# usermod -G root user1
[root@www ~]# id user1
uid=1002(user1) gid=1002(user1) 组=1002(user1),0(root)
```

  用 -g 参数修改用户的基本组 ID，用 -G 参数修改用户扩展组 ID：

```
[root@www ~]# usermod -u 8888 user1
[root@www ~]# id user1
uid=8888(user1) gid=1002(user1) 组=1002(user1),0(root)
```

(4) 删除用户账户

要删除一个账户，可以直接删除/etc/passwd 和/etc/shadow 文件中要删除的用户所对应的行，或者用 userdel 命令删除。userdel 命令的格式为

```
userdel [-r] 用户名
```

如果不加 –r 选项，userdel 命令会在系统中所有与账户有关的文件中（例如/etc/passwd、/etc/shadow、/etc/group）将用户的信息全部删除。

如果加 –r 选项，则在删除用户账户的同时，还将用户主目录以及其下的所有文件和目录全部删除掉。另外，如果用户使用 E–mail，则同时也会将/var/spool/mail 目录下的用户文件删掉。

【例 3–4】删除用户 user1。

```
[root@www ~]# userdel -r user1
```

5. 管理用户组

(1) groupadd 命令

创建组群和删除组群的命令与创建、维护账户的命令相似。创建组群可以使用命令 groupadd 或者 addgroup。

【例 3–5】创建一个新的组群，组群的名称为 testgroup，可用以下命令：

```
[root@www ~]# groupadd testgroup
```

(2) groupdel 命令

【例 3–6】要删除一个组，可以用 groupdel 命令。例如，删除刚创建的 testgroup 组时可用以下命令：

```
[root@www ~]# groupdel testgroup
```

(3) groupmod

修改组群的命令是 groupmod，其命令格式为

```
groupmod [选项] 组名
```

常见的命令选项见表 3–7。

表 3–7 groupmod 命令选项

选项	说明
–g gid	把组群的 GID 改成 gid
–n group–name	把组群的名称改为 group–name
–o	强制接受更改的组的 GID 为重复的号码

6. 使用 su 命令和 sudo 命令

（1）su 命令

su 命令可以解决切换用户身份的需求，使得当前用户在不退出登录的情况下，切换到其他用户。例如，从 root 管理员切换至普通用户：

```
[root@www ~]# id
uid=0(root) gid=0(root) 组=0(root) 环境=unconfined_u:unconfined_r:unconfined_t:s0-s0:c0.c1023
[root@www ~]# useradd -G testgroup test
[root@www ~]# su - test
[test@www ~]$ id
uid=8889(test) gid=8889(test) 组=8889(test),1011(testgroup) 环境=unconfined_u:unconfined_r:unconfined_t:s0-s0:c0.c1023
```

当从 root 管理员切换到普通用户时，是不需要密码验证的，而从普通用户切换成 root 管理员就需要进行密码验证。

```
[test@www ~]$ su root
Password:
[root@www ~]# su - test
上一次登录:日 9月  6 05:22:57 CST 2022 pts/0 上
[test@www ~]$ exit
logout
[root@www ~]#
```

（2）sudo 命令

尽管使用 su 命令后，普通用户可以完全切换到 root 管理员，但这存在一个安全隐患：会暴露 root 管理员的密码，管理员 root 的密码很可能被黑客获取，使用 su 切换用户不够安全。

sudo 命令用于给普通用户提供额外的权限来完成原本 root 管理员才能完成的任务，格式为"sudo［参数］命令名称"。sudo 服务中可用的参数以及相应的作用见表 3-8。

表 3-8　sudo 可用的参数

参数	作用
-h	列出帮助信息
-l	列出当前用户可执行的命令
-u	以指定的用户身份执行命令
-k	清空密码的有效时间，下次执行 sudo 时需要再次进行密码验证
-b	在后台执行指定的命令
-p	更改询问密码的提示语

sudo 命令具有如下功能：
①限制用户执行指定的命令；
②记录用户执行的每一条命令；
③配置文件（/etc/sudoers）设置用户管理、权限与主机等参数；
④验证密码 5 分钟内有效。

例如，普通用户不能查看 root 管理员的/root 目录中的文件信息，但是，只需在执行的命令前加 sudo 命令即可，如下：

```
[test@www ~]$ls /root
ls: cannot open directory '/root': Permission denied
[test @www ~]$sudo ls /root
anaconda-ks.cfg Documents initial-setup-ks.cfg Pictures Templates
Desktop                    Downloads Music
```

任务 3.2　管理文件权限

【任务工单】任务工单 3-2：管理文件权限

任务名称	管理文件权限			
组别		成员	小组成绩	
学生姓名			个人成绩	
任务情境	文件系统的主要功能是存储文件的数据。本任务主要介绍如何认识和理解文件系统，以及如何理解文件和设置文件权限。			
任务目标	认识文件系统，理解文件和设置文件权限。			
任务要求	按本任务后面列出的具体任务内容，完成对文件系统的理解和设置文件权限。			
知识链接				
计划决策				
任务实施	1. 理解文件系统相关原理。 2. 文件权限的管理。			
检查	1. 文件系统；2. 文件权限的管理。			
实施总结				
小组评价				
任务点评				

【前导知识】

文件系统的主要功能是存储文件的数据。当在磁盘中存储一个文件时，Linux 除了会在磁盘中存储文件的内容外，还会存储一些与文件相关的信息，例如，文件的权限模式、文件的拥有者等。如此，Linux 才能提供与文件相关的功能。为了让操作系统能够在磁盘中有效率地调用文件内容和文件信息，文件系统应运而生。操作系统通过文件系统来决定哪些扇区要存储文件的信息，哪些扇区要存储文件的内容。Linux 中的文件有权限的概念，文件并不是想改就改，想看就看的，需要一定的权限。Linux 中文件的一般权限就是读（r）、写（w）和执行（x）。

【任务内容】

1. 理解文件系统相关原理。
2. 文件权限的管理。

【任务实施】

1. 认识文件系统

用户在存储设备中执行的文件创建、写入、读取、修改、转存与控制等操作都是依靠文件系统来完成的。文件系统的作用是合理规划硬盘，以保证用户的正常使用需求。

Linux 系统支持多种文件系统，常见的文件系统如下：

①ext3：是一款日志文件系统，能够在系统异常宕机时避免文件系统资料丢失，并能自动修复数据的不一致与错误。但是，当硬盘容量较大时，所需的修复时间也会很长，而且也不能百分之百地保证资料不会丢失。它会把整个磁盘的每个写入动作的细节都事先记录下来，以便在发生异常宕机后能回溯追踪到被中断的部分，然后尝试进行修复。

②ext4：ext3 的改进版本，是 CentOS 6 系统中的默认文件管理系统，它支持的存储容量高达 1 EB（1 EB＝1 073 741 824 GB），且能够有无限多的子目录。另外，ext4 文件系统能够批量分配 block 块，从而极大地提高了读写效率。

③XFS：是一种高性能的日志文件系统，是 CentOS 7 中默认的文件管理系统。它的优势是在发生意外宕机后，即可快速地恢复可能被破坏的文件，并且强大的日志功能只占用较少的计算和存储性能。它最大可支持的存储容量为 18 EB，容量几乎满足了所有需求。

CentOS 7 系统中一个比较大的变化就是使用了 XFS 作为文件系统，XFS 文件系统可支持高达 18 EB 的存储容量。

日常在硬盘需要保存的数据实在太多了，因此 Linux 系统中有一个名为 super block 的"硬盘地图"。Linux 只是把每个文件的权限与属性记录在 inode 中，而且每个文件占用一个独立的 inode 表格。该表格的大小默认为 128 字节，里面记录着如下信息：

文件的访问权限（read、write、execute）。

文件的所有者与所属组（owner、group）。

文件的大小（size）。

文件的创建或内容修改时间（ctime）。

文件的最后一次访问时间（atime）。

文件的修改时间（mtime）。

文件的特殊权限（SUID、SGID、SBIT）。

文件的真实数据地址（point）。

文件的实际内容则保存在 block 块中（大小可以是 1 KB、2 KB 或 4 KB），一个 inode 的默认大小仅为 128 B（ext3），记录一个 block 则消耗 4 B。当文件的 inode 被写满后，Linux 系统会自动分配出一个 block 块，专门用于像 inode 那样记录其他 block 块的信息，这样把各个 block 块的内容串到一起，就能够让用户读到完整的文件内容了。

对于存储文件内容的 block 块，有下面两种常见情况（以 4 KB 的 block 为例）。

情况 1：文件 1 KB，占用一个 block，这样浪费 3 KB 空间。

情况 2：文件 5 KB，占用两个 block，这样也浪费 3 KB 空间。

计算机系统在发展过程中产生了众多的文件系统，为了使用户在读取或写入文件时不用关心底层的硬盘结构，Linux 内核中的软件层为用户程序提供了一个 VFS（Virtual File System，虚拟文件系统）接口，这样用户实际上在操作文件时就是统一对这个虚拟文件系统进行操作了。

2. 文件与文件权限

（1）文件

文件是操作系统用来存储信息的基本结构，是一组信息的集合。文件通过文件名来唯一地标识。Linux 中的文件名称最长可允许 255 个字符，这些字符可用 A～Z、0～9、.、_、-等符号来表示。

与其他操作系统相比，Linux 没有"扩展名"的概念，也就是说，文件的名称和该文件的种类并没有直接的关联。它的另一个特性是 Linux 文件名区分大小写。

在 Linux 中的每一个文件或目录都包含有访问权限，这些访问权限决定了谁能访问和如何访问这些文件与目录。通过设定权限可以用以下 3 种访问方式限制访问权限。

①只允许用户自己访问。

②允许一个预先指定的用户组中的用户访问。

③允许系统中的任何用户访问。

根据赋予权限的不同，3 种不同的用户（所有者、用户组或其他用户）能够访问不同的目录或者文件。所有者是创建文件的用户，文件的所有者能够授予所在用户组的其他成员以及系统中除所属组之外的其他用户的文件访问权限。每一个用户针对系统中的所有文件都有它自身的读、写和执行权限。

①权限控制访问自己的文件权限，即所有者权限。

②权限控制用户组访问其中一个用户的文件的权限。

③权限控制其他所有用户访问一个用户的文件的权限。

这 3 种权限赋予用户不同类型（即所有者、用户组和其他用户）的读、写及执行权限，就构成了一个有9种类型的权限组。

用"ls -l"或者ll命令显示文件的详细信息，其中包括权限。如下所示：

```
[root@www ~]# ll
total 84
drwxr-xr-x        2 root root 4096 Aug 9 15:03 Desktop
-rw-r--r--        1 root root 1421 Aug 9 14:15 anaconda-ks.cfg
-rw-r--r--        1 root root 6107 Aug 9 14:15 install.log.syslog
drwxr-xr-x        2 root root 4096 Sep 1 13:54 webmin
```

文件属性示意图如图3-1所示。

图3-1　文件属性示意图

第1组：文件类型权限

每一行的第一个字符一般用来区分文件的类型，通常取值为d、-、l、b、c、s、p。具体如下含义。

- d：表示一个目录文件。
- -：表示一个普通文件。
- l：表示该文件是一个符号链接文件，实际上它指向另一个文件。
- b、c：分别表示该文件为区块设备或其他的外围设备，是特殊类型的文件。
- s、p：这些文件关系到系统的数据结构和管道，通常很少见到。

每一行的第2~10个字符表示文件的访问权限。这9个字符每3个为一组，左边3个字符表示所有者权限，中间3个字符表示与所有者同一组的用户的权限，右边3个字符是其他用户的权限。代表的意义如下。

- 字符2、3、4表示该文件所有者的权限，有时也简称为u(User)的权限。
- 字符5、6、7表示该文件所有者所属组的组成员的权限。例如，此文件拥有者属于"user"组群，该组群中有3个成员，表示这3个成员都有此处指定的权限。简称为g(Group)的权限。
- 字符8、9、10表示该文件所有者所属组群以外的权限，简称为o(Other)的权限。

这9个字符根据权限种类的不同，也分为3种类型。

- r(Read,读取)：对文件而言，具有读取文件内容的权限；对目录来说，具有浏览目录的权限。
- w(Write,写入)：对文件而言，具有新增、修改文件内容的权限；对目录来说，具有删除、移动目录内文件的权限。

- x(execute,执行)：对文件而言，具有执行文件的权限；对目录来说，具有进入目录的权限。
- –：表示不具有该项权限。

下面举例说明。

- brwxr – – r – –：该文件是块设备文件，文件所有者具有读、写与执行的权限，其他用户则具有读取的权限。
- – rw – rw – r – x：该文件是普通文件，文件所有者与同组用户对文件具有读写的权限，而其他用户仅具有读取和执行的权限。
- drwx – – x – – x：该文件是目录文件，目录所有者具有读写与进入目录的权限，其他用户能进入该目录，却无法读取任何数据。
- lrwxrwxrwx：该文件是符号链接文件，文件所有者、同组用户和其他用户对该文件都具有读、写和执行权限。

第2组：表示有多少文件名连接到此节点（i – node）

每个文件都会将其权限与属性记录到文件系统的 inode 中，不过，使用的目录树却是用文件来记录的，因此每个文件名就会连接到一个 inode。这个属性记录的就是有多少不同的文件名连接到相同的一个 inode。

第3组：表示这个文件（或目录）的拥有者账号

第4组：表示这个文件的所属群组

在 Linux 系统下，你的账号会附属于一个或多个的群组中。举例来说明：class1、class2、class3 均属于 project 这个群组，假设某个文件所属的群组为 project，且该文件的权限为 (– rwxrwx – – –)，则 class1、class2、class3 3人对于该文件都具有可读、可写、可执行的权限（看群组权限）。但如果是不属于 project 的其他账号，对于此文件就不具有任何权限了。

第5组：文件的容量大小，默认单位为 byte

第6组：文件的创建日期或者是最近的修改日期

这一栏的内容分别为日期（月/日）及时间。如果这个文件被修改的时间距离现在太久远，那么时间部分会仅显示年份而已。如果想要显示完整的时间格式，可以利用 ls 的选项，即 ls – l – – full – time 就能够显示出完整的时间格式了。

第7组：文件的文件名

比较特殊的是，如果文件名之前多一个 "."，则代表这个文件为隐藏文件。可以使用 ls 及 ls – a 这两个命令查看隐藏文件。

(2) 使用数字表示法修改文件权限

在文件建立时，系统会自动设置文件权限，如果默认权限无法满足需求，可以使用 chmod 命令修改权限。

通常在权限修改时可以用两种方式来表示权限类型：数字表示法和文字表示法。

chmod 命令的格式是：

| chmod | 选项 | 文件 |

数字表示法是指将读取（r）、写入（w）和执行（x）分别以数字 4、2、1 来表示，-没有相应 rwx 权限，以数字 0 表示，然后再把所授予的权限相加而成。

(3) 文字表示法

使用权限的文字表示法时，系统用 4 种字母来表示不同的用户：

- u：user，表示所有者。
- g：group，表示属组。
- o：others，表示其他用户。
- a：all，表示以上 3 种用户。

使用下面 3 种字符的组合表示法设置操作权限：

- r：read，可读。
- w：write，写入。
- x：execute，执行。

操作符号包括以下几种：

- ＋：添加某种权限。
- －：减去某种权限。
- ＝：赋予给定权限并取消原来的权限。

例如，以文字表示法修改文件权限时，rw－rw－r－－权限设置命令为：

```
[root@www ~]# chmod u=rw,g=rw,o=r test
```

修改目录权限和修改文件权限相同，都是使用 chmod 命令，但不同的是，要使用通配符"＊"来表示目录中的所有文件。

例如，如果要"设定"一个文件的权限为－rwxr－xr－x，则所表述的含义如下：

user（u）：具有可读、可写、可执行的权限。

group 与 others（g/o）：具有可读与执行的权限。

执行结果如下：

```
[root@www ~]# chmod u=rwx,go=rx test
```

注意：u=rwx，go=rx 是连在一起的，中间并没有任何空格。

```
[root@www ~]# ls -al test
-rwxr-xr-x 1 root root 395 Sep 4 11:45 test
```

(4) 文件与目录的默认权限

文件权限包括读（r）、写（w）、执行（x）等基本权限，决定文件类型的属性包括目录（d）、文件（-）、链接文件（l）等。

另外，基于安全机制方面（security）的考虑，设定文件不可修改的特性，即文件的拥有者也不能修改。

查看默认权限的方式有两种：

①直接输入 umask，可以看到数字形态的权限设定。

②加入 -S（Symbolic）选项，则会以符号类型的方式显示权限。

目录与文件的默认权限是不一样的。x 权限对于目录是非常重要的。但是一般文件的建立是不应该有执行权限的。因为一般文件通常用于数据的记录，当然不需要执行的权限。因此，预设的情况如下：

①若使用者建立文件，则预设没有可执行（x）权限，即只有 rw 这两个项目，也就是最大为 666，预设权限为 -rw-rw-rw-。

②若用户建立目录，则由于 x 与是否可以进入此目录有关，因此默认所有权限均开放，即为 777，预设权限为 drwxrwxrwx。

umask 命令指定在建立文件或目录时预设的权限掩码。umask 值是从预设权限中需要减掉的权限（r、w、x 分别对应的是 4、2、1），具体如下：

①去掉写入的权限时，umask 的分值输入 2。

②去掉读取的权限时，umask 的分值输入 4。

③去掉读取和写入的权限时，umask 的分值输入 6。

④去掉执行和写入的权限时，umask 的分值输入 3。

例如，新建文件 test 且要求 test 创建后的权限为 644，则此时需要设置 umask 的值为 022。

```
[root@www ~]# umask
0022
[root@www ~]# umask -S
u=rwx,g=rx,o=rx
```

（5）文件隐藏属性

在 Linux 的 ext2/ext3/ext4 文件系统下，除基本 r、w、x 权限外，还可以设定系统隐藏属性。设置系统隐藏属性使用 chattr 命令，而使用 lsattr 命令可以查看隐藏属性。

1）chattr 命令

功能说明：改变文件属性。

语法：

chattr [-RV][-v<版本编号>][+/-/= <属性>][文件或目录...]

这项指令可改变存放在 ext4 文件系统上的文件或目录属性，这些属性共有以下 8 种模式。

- a：系统只允许在这个文件之后追加数据，不允许任何进程覆盖或截断这个文件。如果目录具有这个属性，则系统将只允许在这个目录下建立和修改文件，而不允许删除任何文件。
- b：不更新文件或目录的最后存取时间。
- c：将文件或目录压缩后存放。
- d：将文件或目录排除在倾倒操作之外。

- i：不得任意改动文件或目录。
- s：保密性删除文件或目录。
- S：即时更新文件或目录。
- u：预防意外删除。

chattr 的相关参数如下。其中，最重要的是 +i 与 +a 这两个属性。由于这些属性是隐藏的，所以需要使用 lsattr 命令。

 -R：递归处理，将指定目录下的所有文件及子目录一并处理。
 -v<版本编号>：设置文件或目录版本。
 -V：显示指令执行过程。
 +<属性>：开启文件或目录的该项属性。
 -<属性>：关闭文件或目录的该项属性。
 =<属性>：指定文件或目录的该项属性。

例如，在/tmp 目录下建立文件，加入 i 参数，并尝试删除。

```
[root@www ~]# cd   /tmp
[root@www tmp]# touch test
[root@www tmp]# chattr +i test
[root@www tmp]# rm test
rm:remove write-protected regular empty file 'test'? y
rm:cannot remove 'test':Operation not permitted
```

将该文件的 i 属性取消的代码如下：

```
[root@www tmp]# chattr -i test
```

2）lsattr 命令（显示文件隐藏属性）

该命令的语法：

```
lsattr [-adR]文件或目录
```

该命令的选项与参数如下：
 -a：将隐藏文件的属性也显示出来。
 -d：如果是目录，仅列出目录本身的属性而非目录内的文件名。
 -R：连同子目录的数据也一并列出来。

例如：

```
[root@www tmp]# chattr +aiS test
[root@www tmp]# ls test
--S-ia----------test
```

(6) 文件特殊权限

①SUID 是一种对二进制程序进行设置的特殊权限，能够让二进制程序的执行者临时拥有所有者的权限，仅对拥有执行权限的二进制程序有效。例如，所有用户都可以执行passwd

命令来修改自己的用户密码，而用户密码保存在/etc/shadow 文件中。仔细查看这个文件，就会发现它的默认权限是 000，也就是说，除了 root 管理员以外，所有用户都没有查看或编辑该文件的权限。但是，在使用 passwd 命令时如果加上 SUID 特殊权限位，就可让普通用户临时获得程序所有者的身份，把变更的密码信息写入 shadow 文件中。

②SGID 特殊权限有两种应用场景：当对二进制程序进行设置时，能够让执行者临时获取文件所属组的权限；当对目录进行设置时，则是让目录内新创建的文件自动继承该目录原有用户组的名称。

③SBIT 特殊权限位可确保用户只能删除自己的文件，而不能删除其他用户的文件。也就是说，当对某个目录设置了 SBIT 黏滞位权限后，那么该目录中的文件就只能被其所有者执行删除操作了。

SUID、SGID 与 SBIT 也有对应的数字表示法，分别为 4、2、1。777 不是最大权限，最大权限应该是 7777，其中第 1 个数字代表的是特殊权限位。数字表示法是由"特殊权限 + 一般权限"构成的。

SUID 权限设置方法：在所有者的权限中 x 改变成小写 s，就意味着该文件被赋予了 SUID 权限，如果所有者执行权限为 -，则改变成大写 S 就意味着该文件被赋予了 SUID 权限。

SGID 权限设置方法：在所有组的权限中 x 改变成小写 s，就意味着该文件被赋予了 SGID 权限，如果所有组执行权限为 -，则改变成大写 S 就意味着该文件被赋予了 SGID 权限。

SBIT 权限设置方法：当目录被设置 SBIT 特殊权限位后，文件的其他人权限部分的 x 执行权限就会被替换成 t 或者 T，原本有 x 执行权限则会写成 t，原本没有 x 执行权限则会被写成 T。

例如，在 rwxr－xr－t 权限中，最后一位是 t，这说明该文件的一般权限为 rwxr－xr－x，并带有 SBIT 特殊权限。对于可读（r）、可写（w）、可执行（x）权限的数字计算方法，大家应该很熟悉了——rwxr－xr－x 即 755，而 SBIT 特殊权限位是 1，则合并后的结果为 1 755。

（7）文件访问控制列表

一般权限、特殊权限、隐藏权限其实有一个共性——权限是针对某一类用户设置的。如果希望对某个指定的用户进行单独的权限控制，就需要用到文件的访问控制列表（Access Control List，ACL）了。

为了更直观地看到 ACL 对文件权限控制的强大效果，可以先切换到普通用户，然后尝试进入 root 管理员的家目录中。在没有针对普通用户对 root 管理员的家目录设置 ACL 之前，其执行结果如下所示：

```
[root@www ~]# su - linux
Last login: Sat Mar 21 16:31:19 CST 2022 on pts/0
[linux@www ~]$ cd /root
-bash: cd: /root: Permission denied
[linux@www root]$ exit
```

1) setfacl 命令

用于管理文件的 ACL 规则，格式为"setfacl［参数］文件名称"。文件的 ACL 提供的是在所有者、所属组、其他人的读/写/执行权限之外的特殊权限控制，使用 setfacl 命令可以针对单一用户或用户组、单一文件或目录来进行读/写/执行权限的控制。其中，针对目录文件需要使用 –R 递归参数；针对普通文件可以使用 –m 参数；如果想要删除某个文件的 ACL，可以使用 –b 参数。下面来设置用户在/root 目录上的权限：

```
[root@www ~]# setfacl -Rm u:linux:rwx /root
[root@www ~]# su - linux
Last login: Sat Mar 21 15:45:03 CST 2022 on pts/1
[linux@www ~]$ cd /root
[linux@www root]$ ls
anaconda-ks.cfg  Downloads  Pictures  Public
[linux@www root]$ cat anaconda-ks.cfg
[linux@www root]$ exit
```

常用的 ls 命令看不到 ACL 信息，却可以看到文件的权限最后一个点（.）变成了加号（+），这表示文件已经设置了 ACL。

```
[root@localhost ~]# ls -ld /root
dr-xrwx---+ 14 root root 4096 May 4 2017 /root
```

2) getfacl 命令

用于显示文件上设置的 ACL 信息，格式为"getfacl 文件名称"。Linux 系统中的命令就是这么可爱又好记。想要设置 ACL，用的是 setfacl 命令；要想查看 ACL，则用的是 getfacl 命令。下面使用 getfacl 命令显示在 root 管理员家目录上设置的所有 ACL 信息。

```
[root@localhost ~]# getfacl /root
getfacl: Removing leading '/' from absolute path names
# file: root
# owner: root
# group: root
user::r-x
user:linux:rwx
group::r-x
mask::rwx
other::---
```

【知识考核】

1. 填空题

（1）文件系统（File System）是磁盘上有特定格式的一片区域，操作系统利用文件系统_____和_____文件。

（2）Linux 的文件系统是采用阶层式的_____结构，在该结构中的最上层是_____。

（3）默认的权限可用_____命令修改，用法非常简单，只需执行_____命令，便代表屏蔽所有的权限，因而之后建立的文件或目录，其权限都变成_____。

（4）_____代表当前的目录，也可以使用./来表示。_____代表上一层目录，也可以用../来代表。

（5）若文件名前多一个"."，则代表该文件为_____。可以使用_____命令查看隐藏文件。

2．选择题

（1）存放 Linux 基本命令的目录是（　　）。
A．/bin　　　　　B．/tmp　　　　　C．/lib　　　　　D．/root

（2）对于普通用户创建的新目录，（　　）是默认的访问权限。
A．rwxr-xr-x　　B．rw-rwxrw-　　C．rwxrw-rw-　　D．rwxrwxrw-

（3）如果当前目录是/home/sea/china，那么"china"的父目录是（　　）。
A．/home/sea　　B．/home/　　　C．/　　　　　　D．/sea

（4）系统中有用户 user1 和 user2，同属于 users 组。在 user1 用户目录下有一个文件 file1，它拥有 644 的权限，如果 user2 想修改 user1 用户目录下的 file1 文件，应拥有（　　）权限。
A．744　　　　　B．664　　　　　C．646　　　　　D．746

（5）用 ls -al 命令列出下面的文件列表，（　　）是符号连接文件。
A．-rw-------　　2　hel-s　　users　　56　Sep　09 11：05　hi
B．-rw-------　　2　hel-s　　users　　56　Sep　09 11：05　good
C．drwx-----　　1　hel　　　users　　1024　Sep　10 08：10　zheng
D．lrwx-----　　1　hel　　　users　　2024　Sep　12 08：12　chang

（6）如果 umask 设置为 022，默认创建的文件权限为（　　）。
A．----w--w-　　B．-rwxr-xr-x　　C．r-xr-x---　　D．rw-r—r--

项目 4

本地存储管理

【项目导读】

新添加的硬盘无法直接使用，无论是 Windows 操作系统还是 Linux 操作系统，若要使用新添加的磁盘，都需要对磁盘进行分区。磁盘分区有利于数据的分类存储，管理员可以根据磁盘中将要存放的文件类型、数量和文件大小等因素，合理规划磁盘空间，以提高磁盘使用率和读取速率。

磁盘给待存储的数据以硬件支持，但磁盘本身并不规定文件的存储方式，因此，在使用磁盘之前，还需要规定文件在磁盘中的组织方式，即格式化磁盘，为磁盘创建文件系统。

在 Windows 系统中，磁盘分区后便可以使用，但 Linux 系统的磁盘不但需要进行分区、格式化操作，还需要经过挂载才能被使用。所谓挂载，是指将一个目录作为入口，把磁盘分区中的数据放置在以该目录为根节点的目录关系树中，这相当于将文件系统与磁盘进行了链接，指定了某个分区中文件系统访问的位置。

RAID（Redundant Arrays of Independent Disks，磁盘阵列）的核心思想是将多个独立的物理磁盘按照某些方式合成一个逻辑磁盘，这种技术早期的研究目的是使用多个廉价小磁盘代替大容量磁盘，以节约成本。随着磁盘的发展，RAID 技术更侧重于提高磁盘容错功能与传输速率，以提升磁盘性能。

逻辑卷管理机制（Logical Volume Manager，LVM）是在磁盘分区和文件系统之间添加一个逻辑层，为文件系统屏蔽下层磁盘分区，提供一个抽象的盘卷，在盘卷上建立文件系统。

综上所述，本项目要完成的任务有：认识硬盘；理解存储设备的命名规则；磁盘的分区、格式化和挂载；磁盘阵列的部署；逻辑卷的管理。

【项目目标】

- 认识硬盘；
- 存储设备的命名规则；
- 磁盘分区；
- 磁盘格式化；
- 磁盘挂载；
- 认识磁盘阵列；

➢ 部署磁盘阵列；
➢ 认识逻辑卷；
➢ 部署逻辑卷；
➢ 扩容逻辑卷；
➢ 缩小逻辑卷；
➢ 删除逻辑卷。

【项目地图】

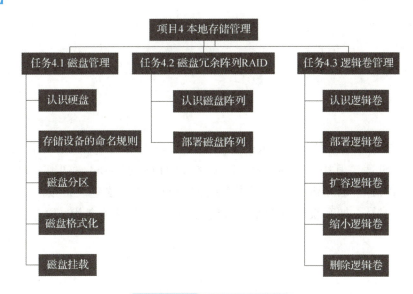

任务 4.1　磁盘管理

【任务工单】任务工单 4-1：磁盘管理

任务名称	磁盘管理				
组别		成员		小组成绩	
学生姓名				个人成绩	
任务情境	磁盘用来存储文件与数据，在计算机内部主要使用硬盘，请你认识硬盘并且理解存储设备的命名规则，能够对磁盘进行分区等管理。				
任务目标	掌握磁盘的一般管理办法。				
任务要求	按本任务后面列出的具体任务内容，完成对磁盘分区、格式化和挂载等工作。				
知识链接					
计划决策					

续表

任务实施	1. 认识硬盘。 2. 存储设备的命名规则。 3. 磁盘的分区。 4. 磁盘格式化。 5. 磁盘挂载。
检查	1. 存储设备的命名规则；2. 磁盘的分区、格式化和挂载。
实施总结	
小组评价	
任务点评	

【前导知识】

Linux 系统中磁盘的名称由系统根据设备类型自动识别，常用的存储设备类型有 IDE、SATA、USB、SCSI 等，其中 IDE 设备在 Linux 系统中被识别为 hd，STAT、USB、SCSI 设备在系统中被识别为 sd。若系统中使用了多个同类型的设备，这些设备按照添加的顺序，使用小写字母依次编号。如系统中有两个 sd 设备，则第一个设备名为 sda，第二个设备名为 sdb，依此类推。

【任务内容】

1. 认识硬盘。
2. 存储设备的命名规则。
3. 磁盘的分区。
4. 磁盘格式化。
5. 磁盘挂载。

【任务实施】

1. 认识硬盘

（1）硬盘的技术指标

主轴转速：指硬盘盘片在一分钟内所能完成的最大转数。

平均寻道时间：指磁头从得到指令到寻找到数据所在磁道的时间，它描述硬盘读取数据的能力。

数据传输率：指的是从硬盘缓存向外输出数据的速度，单位为 MB/s。

高速缓存：缓存是数据的临时寄存器，主要用来缓解速度差和实现数据预存取等。

单碟容量：指每张碟片的最大容量。这是反映硬盘综合性能指标的一个重要的因素。

（2）硬盘接口方式

FC－AL 接口主要应用于任务级的关键数据的大容量实时存储。可以满足高性能、高可靠和高扩展性的存储需要。

SCSI 接口主要应用于商业级的关键数据的大容量存储。

SAS 接口是个"全才"，可以支持 SAS 和 SATA 磁盘，很方便地满足不同性价比的存储需求，是具有高性能、高可靠性和高扩展性的解决方案，因而被业界公认为取代并行 SCSI 的不二之选。

SATA 接口主要应用于非关键数据的大容量存储、近线存储和非关键性应用（如替代以前使用磁带的数据备份）。

PATA（俗称 IDE）接口已基本淘汰。

（3）主引导记录（Main Boot Record，MBR）

MBR 位于硬盘的 0 磁道 0 柱面 1 扇区（512 字节）。

①装载操作系统的硬盘引导程序（446 字节）。

②硬盘分区表（Disk Partition Table，DPT）（64 字节）。

③最后两个字节"55，AA"是分区的结束标志。

MBR 是由分区程序（如 fdisk）所产生的，不依赖任何操作系统，硬盘引导程序是可以改变的，从而实现多系统共存。

2. 存储设备的命名规则

在 Linux 系统中，一切都是文件，硬件设备也不例外。既然是文件，就必须有文件名称。系统内核中的 udev 设备管理器会自动把硬件名称规范起来，目的是让用户通过设备文件的名字可以猜出设备大致的属性以及分区信息等。另外，udev 设备管理器的服务会一直以守护进程的形式运行并侦听内核发出的信号来管理/dev 目录下的设备文件。Linux 系统中常见的硬件设备及其文件名称见表 4 - 1。

表 4 - 1 常见的硬件设备及其文件名称

硬件设备	文件名称
IDE 设备	/dev/hd [a - d]
SCSI/SATA/U 盘	/dev/sd [a - z]
virtio 设备	/dev/vd [a - z]
软驱	/dev/fd [0 - 1]
打印机	/dev/lp [0 - 15]
光驱	/dev/cdrom
鼠标	/dev/mouse
磁带机	/dev/st0 或/dev/ht0

由于现在的 IDE 设备已经很少见了，所以一般的硬盘设备都是以"/dev/sd"开头。而一台主机上可以有多块硬盘，因此系统采用 a ~ z 来代表 26 块不同的硬盘（默认从 a 开始分配），而且硬盘的分区编号规定：主分区或扩展分区的编号从 1 开始，到 4 结束；逻辑分区

从编号 5 开始。

3. 磁盘分区

在虚拟机中模拟添加了硬盘设备后，在开始使用该硬盘之前还需要进行分区操作，例如从中取出一个 3 GB 的分区设备，使用 fdisk 进行分区。

fdisk 命令用于新建、修改及删除磁盘的分区表信息，英文全称为"format disk"，语法格式：fdisk 磁盘名称。

在 Linux 系统中，管理硬盘设备常用的方法为 fdisk 命令。它提供了集添加、删除、转换分区等功能于一身的"一站式分区服务"。fdisk 命令的参数见表 4 – 2，是交互式形式，因此在管理硬盘设备时特别方便，可以根据需求动态调整。

表 4 – 2 fdisk 命令中的参数以及作用

参数	作用
m	查看全部可用的参数
n	添加新的分区
d	删除某个分区信息
l	列出所有可用的分区类型
t	改变某个分区的类型
p	查看分区表信息
w	保存并退出
q	不保存直接退出

例如，使用 fdisk 命令来尝试管理/dev/sdb 硬盘设备。在看到提示信息后，输入参数 p 来查看硬盘设备内已有的分区信息，其中包括了硬盘的容量大小、扇区个数等信息。

```
[root@www ~]# fdisk /dev/sdb
欢迎使用 fdisk (util – linux 2.23.2)。

更改将停留在内存中，直到您决定将更改写入磁盘。
使用写入命令前请三思。

Device does not contain a recognized partition table
使用磁盘标识符 0x88152549 创建新的 DOS 磁盘标签。

命令(输入 m 获取帮助):p

磁盘 /dev/sdc:5368 MB, 5368709120 字节,10485760 个扇区
Units = 扇区 of 1 * 512 = 512 bytes
```

```
扇区大小(逻辑/物理):512 字节 /512 字节
I/O 大小(最小/最佳):512 字节 /512 字节
磁盘标签类型:dos
磁盘标识符:0x88152549
   设备 Boot      Start       End      Blocks   Id  System
```

输入参数 n 来尝试添加新的分区。系统会要求用户是选择输入参数 p 来创建主分区,还是输入参数 e 来创建扩展分区。输入参数 p 来创建一个主分区:

```
命令(输入 m 获取帮助):n
Partition type:
   p   primary (0 primary, 0 extended, 4 free)
   e   extended
Select (default p): p
```

在确认创建一个主分区后,系统要求用户先输入主分区的编号。主分区的编号范围是 1~4,默认主分区为 1。接下来定义起始的扇区位置,按回车键使用默认设置即可,系统会自动计算出最靠前的空闲扇区的位置。最后,系统会要求定义分区的结束扇区位置,其实是定义整个分区的大小是多少。不用计算,只需要输入 +3G 即可创建出一个容量为 3 GB 的硬盘分区。

```
分区号 (1-4,默认 1):1
起始 扇区 (2048-10485759,默认为 2048):
将使用默认值 2048
Last 扇区, +扇区 or +size{K,M,G} (2048-10485759,默认为 10485759):+3G
分区 1 已设置为 Linux 类型,大小设为 3 GiB
```

再次使用参数 p 来查看硬盘设备中的分区信息,果然就能看到一个名称为/dev/sdb1、起始扇区位置为 2 048、结束扇区位置为 6 293 503 的主分区了。最后输入 w 后按回车键,保存分区。

```
命令(输入 m 获取帮助):p
磁盘 /dev/sdc:5368 MB,5368709120 字节,10485760 个扇区
Units = 扇区 of 1 * 512 = 512 bytes
扇区大小(逻辑/物理):512 字节/512 字节
I/O 大小(最小/最佳):512 字节/512 字节
磁盘标签类型:dos
磁盘标识符:0xf21df60d
   设备 Boot      Start       End      Blocks   Id  System
/dev/sdc1           2048    6293503   3145728   83  Linux
命令(输入 m 获取帮助):w
The partition table has been altered!

Calling ioctl() to re-read partition table.
正在同步磁盘。
```

4. 磁盘格式化

硬件存储设备没有进行格式化，则 Linux 系统写入数据到设备。在对存储设备进行分区后，还需要进行格式化操作。在 Linux 系统中用于格式化操作的命令是 mkfs。

mkfs 命令把常用的文件系统名称用后缀的方式保存成了多个命令文件。例如，要将分区/dev/sdc1 格式化为 XFS 的文件系统，命令为 mkfs.xfs /dev/sdc1。

```
[root@www ~]#mkfs.xfs /dev/sdc1
meta-data = /dev/sdc1      isize=512     agcount=4, agsize=196608 blks
          =                sectsz=512    attr=2, projid32bit=1
          =                crc=1         finobt=0, sparse=0
data      =                bsize=4096    blocks=786432, imaxpct=25
          =                sunit=0       swidth=0 blks
naming    =version 2       bsize=4096    ascii-ci=0 ftype=1
log       =internal log    bsize=4096    blocks=2560, version=2
          =                sectsz=512    sunit=0 blks, lazy-count=1
realtime  =none             extsz=4096    blocks=0, rtextents=0
```

5. 磁盘挂载

对存储设备分区和格式化操作后，下一步是挂载并使用存储设备。具体步骤如下：
①创建一个用于挂载设备的挂载点目录。
②使用 mount 命令将存储设备与挂载点进行关联。
③使用 df -hT 命令来查看挂载状态和硬盘使用量信息。

```
[root@www ~]#mkdir /mnt/sdcdir
[root@www ~]#mount /dev/sdc1 /mnt/sdcdir
[root@www ~]#df -hT
文件系统                  类型       容量    已用    可用    已用%   挂载点
devtmpfs                 devtmpfs   894M    0       894M    0%      /dev
tmpfs                    tmpfs      910M    0       910M    0%      /dev/shm
tmpfs                    tmpfs      910M    11M     900M    2%      /run
tmpfs                    tmpfs      910M    0       910M    0%      /sys/fs/cgroup
/dev/mapper/centos-root  xfs        17G     4.0G    14G     24%     /
/dev/loop0               iso9660    4.5G    4.5G    0       100%    /var/ftp/dvd
/dev/sr0                 iso9660    4.5G    4.5G    0       100%    /media/cdrom
/dev/sda1                xfs        1014M   185M    830M    19%     /boot
tmpfs                    tmpfs      182M    40K     182M    1%      /run/user/0
/dev/sdc1                xfs        3.0G    33M     3.0G    2%      /mnt/sdcdir
```

使用 mount 命令挂载的设备文件会在系统重启后失效。如果想让这个设备文件的挂载永久有效，则需要把挂载的信息写入/etc/fstab 配置文件中，如下：

```
[root@www ~]#vim /etc/fstab
#
# /etc/fstab
```

```
# Created by anaconda on Fri Jan 21 04:56:35 2022
#
# Accessible filesystems, by reference, are maintained under '/dev/disk'
# See man pages fstab(5), findfs(8), mount(8) and/or blkid(8) for more info
#
/dev/mapper/centos-root /                       xfs      defaults     0 0
UUID=351fe6ec-29ba-4a76-ac24-86695274e5d8 /boot             xfs     defaults 0 0
/dev/mapper/centos-swap swap                    swap     defaults     0 0
/dev/cdrom /media/cdrom iso9660 defaults 0 0
/dev/sr0 /var/ftp/dvd iso9660 defaults,loop 0 0
/dev/sdc1    /mnt/sdcdir   xfs    defaults    0    0
```

任务 4.2　磁盘冗余阵列 RAID

【任务工单】任务工单 4-2：磁盘冗余阵列 RAID

任务名称	磁盘冗余阵列 RAID				
组别		成员		小组成绩	
学生姓名				个人成绩	
任务情境	磁盘冗余阵列 RAID 技术侧重于提高磁盘容错功能与传输速率，以提升磁盘性能，请你认识和理解磁盘阵列的原理，并且能够部署磁盘阵列。				
任务目标	认识和部署磁盘阵列。				
任务要求	按本任务后面列出的具体任务内容，完成部署磁盘阵列等工作。				
知识链接					
计划决策					
任务实施	1. 认识磁盘阵列。 2. 部署磁盘阵列。				
检查	1. 认识磁盘阵列；2. 部署磁盘阵列。				
实施总结					
小组评价					
任务点评					

【前导知识】

RAID（Redundant Arrays of Independent Disks，磁盘阵列）的核心思想是将多个独立的物理磁盘按照某些方式合成一个逻辑磁盘，这种技术早期的研究目的是使用多个廉价小磁盘代替大容量磁盘,以节约成本。随着磁盘的发展,RAID 技术更侧重于提高磁盘容错功能与传输速率,以提升磁盘性能。

【任务内容】

1. 认识磁盘阵列。
2. 部署磁盘阵列。

【任务实施】

1. 认识磁盘阵列

硬盘设备是计算机中较容易出现故障的元器件之一,加之由于其需要存储数据的特殊性质,不能像 CPU、内存、电源甚至主板那样在出现故障后更换新的即可,所以在生产环境中一定要未雨绸缪,提前做好数据的冗余及异地备份等工作。

(1) RAID 0

RAID 0 技术把多块物理硬盘设备(至少两块)通过硬件或软件的方式串联在一起,组成一个大的卷组,并将数据依次写入各个物理硬盘中。这样,在最理想的状态下,硬盘设备的读写性能会提升数倍,但是若任意一块硬盘发生故障,将导致整个系统的数据都受到破坏。通俗来说,RAID 0 技术能够有效地提升硬盘数据的吞吐速度,但是不具备数据备份和错误修复能力。

(2) RAID 1

尽管 RAID 0 技术提升了硬盘设备的读写速度,但它是将数据依次写入各个物理硬盘中。也就是说,它的数据是分开存放的,其中任何一块硬盘发生故障都会损坏整个系统的数据。因此,如果生产环境对硬盘设备的读写速度没有要求,而是希望增加数据的安全性时,就需要用到 RAID 1 技术了。

RAID 1 是把两块以上的硬盘设备进行绑定,在写入数据时,是将数据同时写入多块硬盘设备上(可以将其视为数据的镜像或备份)。当其中某一块硬盘发生故障后,一般会立即自动以热交换的方式来恢复数据的正常使用。

考虑到在进行写入操作时因硬盘切换带来的开销,因此 RAID 1 的速度会比 RAID 0 有微弱的降低。但在读取数据的时候,操作系统可以分别从两块硬盘中读取信息,因此理论读取速度的峰值可以是硬盘数量的倍数。另外,平时只要保证有一块硬盘稳定运行,数据就不会出现损坏的情况,可靠性较高。

RAID 1 技术虽然十分注重数据的安全性,但是因为是在多块硬盘设备中写入了相同的数据,因此硬盘设备的利用率得以下降。从理论上来说,硬盘空间的真实可用率只有 50%,由 3 块硬盘设备组成的 RAID 1 磁盘阵列的可用率只有 33% 左右,依此类推。而且,由于需要把数据同时写入两块以上的硬盘设备,这无疑也在一定程度上增大了系统计算功能的负载。

(3) RAID 5

RAID 5 技术是把硬盘设备的数据奇偶校验信息保存到其他硬盘设备中。RAID 5 磁盘阵列中数据的奇偶校验信息并不是单独保存到某一块硬盘设备中，而是存储到除自身以外的其他每一块硬盘设备上。这样的好处是，其中任何一设备损坏后，不至于出现致命缺陷。RAID 5 技术实际上没有备份硬盘中的真实数据信息，而是当硬盘设备出现问题后通过奇偶校验信息来尝试重建损坏的数据。RAID 5 技术特性"妥协"地兼顾了硬盘设备的读写速度、数据安全性与存储成本问题。

RAID 5 最少由 3 块硬盘组成，使用的是硬盘切割（Disk Striping）技术。相较于 RAID 1 级别，好处就在于保存的是奇偶校验信息而不是一模一样的文件内容，所以，当重复写入某个文件时，RAID 5 级别的磁盘阵列组只需要对应一个奇偶校验信息就可以，效率更高，存储成本也会随之降低。

（4）RAID 10

RAID 5 技术是出于硬盘设备的成本问题对读写速度和数据的安全性能有了一定的妥协，但是大部分企业更在乎的是数据本身的价值而非硬盘价格，因此，在生产环境中主要使用 RAID 10 技术。

RAID 10 技术是 RAID 1 + RAID 0 技术的一个"组合体"。RAID 10 技术需要至少 4 块硬盘来组建，其中先分别两两制作成 RAID 1 磁盘阵列，以保证数据的安全性；然后再对两个 RAID 1 磁盘阵列实施 RAID 0 技术，进一步提高硬盘设备的读写速度。这样，从理论上来讲，只要坏的不是同一阵列中的所有硬盘，那么最多可以损坏 50% 的硬盘设备而不丢失数据。由于 RAID 10 技术继承了 RAID 0 的高读写速度和 RAID 1 的数据安全性，在不考虑成本的情况下，RAID 10 的性能也超过了 RAID 5，因此当前成为广泛使用的一种存储技术。

2. 部署磁盘阵列

（1）mdadm 命令

mdadm 命令在 Linux 系统中创建和管理软件 RAID 磁盘阵列，而且它涉及的理论知识和操作过程与生产环境中的完全一致。

mdadm 命令用于创建、调整、监控和管理 RAID 设备，英文全称为 "multiple devices admin"，语法格式：mdadm 参数 硬盘名称。

mdadm 命令中的常用参数及作用见表 4-3。

表 4-3　mdadm 命令的常用参数和作用

参数	作用
-a	检测设备名称
-n	指定设备数量
-l	指定 RAID 级别
-C	创建
-v	显示过程
-f	模拟设备损坏

续表

参数	作用
-r	移除设备
-Q	查看摘要信息
-D	查看详细信息
-S	停止 RAID 磁盘阵列

(2) 部署磁盘阵列 RAID 10，步骤：
① 在虚拟机中添加 4 块硬盘设备来制作一个 RAID 10 磁盘阵列。
② 使用 mdadm 命令创建 RAID 10，名称为 "/dev/md0"。

```
[root@www ~]# mdadm -Cv /dev/md0 -n 4 -l 10 /dev/sd[b-e]
mdadm: layout defaults to n2
mdadm: layout defaults to n2
mdadm: chunk size defaults to 512K
mdadm: partition table exists on /dev/sdc
mdadm: partition table exists on /dev/sdc but will be lost or
       meaningless after creating array
mdadm: size set to 5237760K
Continue creating array? y
mdadm: Defaulting to version 1.2 metadata
mdadm: array /dev/md0 started.
```

其中，-C 参数代表创建一个 RAID 阵列卡；-v 参数显示创建的过程，同时在后面追加一个设备名称/dev/md0，这样/dev/md0 就是创建后的 RAID 磁盘阵列的名称；-n 4 参数代表使用 4 块硬盘来部署这个 RAID 磁盘阵列；而 -l 10 参数则代表 RAID 10 方案；最后再加上 4 块硬盘设备的名称。

③ 把 RAID 10 磁盘阵列格式化为 ext4 格式。

```
[root@www ~]# mkfs.ext4 /dev/md0
mke2fs 1.42.9 (28-Dec-2013)
文件系统标签=
OS type: Linux
块大小=4096 (log=2)
分块大小=4096 (log=2)
Stride=128 blocks, Stripe width=256 blocks
655360 inodes, 2618880 blocks
130944 blocks (5.00%) reserved for the super user
第一个数据块=0
Maximum filesystem blocks=2151677952
80 block groups
32768 blocks per group, 32768 fragments per group
8192 inodes per group
```

```
Superblock backups stored on blocks:
    32768, 98304, 163840, 229376, 294912, 819200, 884736, 1605632

Allocating group tables：完成
正在写入 inode 表：完成
Creating journal (32768 blocks)：完成
Writing superblocks and filesystem accounting information：完成
```

④创建挂载点，将硬盘设备进行挂载操作。

```
[root@www ~]# mkdir /mnt/raid
[root@www ~]# mount /dev/md0 /mnt/raid
[root@www ~]# df -hT
文件系统                类型        容量    已用    可用    已用%   挂载点
devtmpfs                devtmpfs    894M     0     894M    0%     /dev
tmpfs                   tmpfs       910M     0     910M    0%     /dev/shm
tmpfs                   tmpfs       910M    11M    900M    2%     /run
tmpfs                   tmpfs       910M     0     910M    0%     /sys/fs/cgroup
/dev/mapper/centos-root xfs          17G    4.0G    14G   24%     /
/dev/sr0                iso9660     4.5G    4.5G    0    100%     /media/cdrom
/dev/loop0              iso9660     4.5G    4.5G    0    100%     /var/ftp/dvd
/dev/sda1               xfs        1014M   185M    830M   19%     /boot
tmpfs                   tmpfs       182M    20K    182M    1%     /run/user/0
/dev/md0                ext4        9.8G    37M    9.2G    1%     /mnt/raid
```

⑤查看/dev/md0 磁盘阵列设备的详细信息，确认 RAID 级别（Raid Level）、阵列大小（Array Size）和总硬盘数（Total Devices）。

```
[root@www ~]# mdadm -D /dev/md0
/dev/md0:
           Version : 1.2
     Creation Time : Sun Sep 18 11:25:34 2022
        Raid Level : raid10
        Array Size : 10475520 (9.99 GiB 10.73 GB)
     Used Dev Size : 5237760 (5.00 GiB 5.36 GB)
      Raid Devices : 4
     Total Devices : 4
       Persistence : Superblock is persistent

       Update Time : Sun Sep 18 11:28:10 2022
             State : clean
    Active Devices : 4
   Working Devices : 4
    Failed Devices : 0
     Spare Devices : 0

            Layout : near=2
```

```
           Chunk Size : 512K

Consistency Policy : resync

            Name : www:0  (local to host www)
            UUID : 4dbfc96c:a03d7c13:96f249b9:96c857b1
          Events : 19

Number   Major   Minor   RaidDevice   State
   0       8      16         0        active sync set-A   /dev/sdb
   1       8      32         1        active sync set-B   /dev/sdc
   2       8      48         2        active sync set-A   /dev/sdd
   3       8      64         3        active sync set-B   /dev/sde
```

⑥永久挂载，让创建好的 RAID 磁盘阵列能够一直提供服务，不会因每次的重启操作而取消，那么一定要记得将信息添加到/etc/fstab 文件中，这样可以确保在每次重启后 RAID 磁盘阵列都是有效的。

```
[root@www ~]# echo "/dev/md0 /mnt/raid ext4 defaults 0 0" >> /etc/fstab
[root@www ~]# cat /etc/fstab
#
# /etc/fstab
# Created by anaconda on Fri Jan 21 04:56:35 2022
#
# Accessible filesystems, by reference, are maintained under '/dev/disk'
# See man pages fstab(5), findfs(8), mount(8) and/or blkid(8) for more info
#
/dev/mapper/centos-root /                       xfs     defaults        0 0
UUID=351fe6ec-29ba-4a76-ac24-86695274e5d8 /boot                   xfs     defaults        0 0
/dev/mapper/centos-swap swap                    swap    defaults        0 0
/dev/cdrom /media/cdrom iso9660 defaults 0 0
/dev/sr0 /var/ftp/dvd iso9660 defaults,loop 0 0
/dev/md0 /mnt/raid ext4 defaults 0 0
```

3. 删除磁盘阵列

RAID 磁盘阵列部署后一般不会被轻易停用。将磁盘阵列删除的步骤如下：
①将所有的磁盘都设置成停用状态。

```
[root@www ~]# umount /mnt/raid
[root@www ~]# mdadm /dev/md0 -f /dev/sdb
mdadm: set /dev/sdb faulty in /dev/md0
[root@www ~]# mdadm /dev/md0 -f /dev/sdc
mdadm: set /dev/sdc faulty in /dev/md0
[root@www ~]# mdadm /dev/md0 -f /dev/sdd
```

```
mdadm: set /dev/sdd faulty in /dev/md0
[root@www ~]# mdadm /dev/md0 -f /dev/sde
mdadm: set /dev/sde faulty in /dev/md0
```

②逐一移除硬盘。

```
[root@www ~]# mdadm /dev/md0 -r /dev/sdb
mdadm: hot removed /dev/sdb from /dev/md0
[root@www ~]# mdadm /dev/md0 -r /dev/sdc
mdadm: hot removed /dev/sdc from /dev/md0
[root@www ~]# mdadm /dev/md0 -r /dev/sdd
mdadm: hot removed /dev/sdd from /dev/md0
[root@www ~]# mdadm /dev/md0 -r /dev/sde
mdadm: hot removed /dev/sde from /dev/md0
```

③查看磁盘阵列组的状态。

```
[root@www ~]# mdadm -D /dev/md0
/dev/md0:
           Version : 1.2
     Creation Time : Fri Jan 15 08:53:41 2021
        Raid Level : raid5
        Array Size : 41908224 (39.97 GiB 42.91 GB)
     Used Dev Size : 20954112 (19.98 GiB 21.46 GB)
      Raid Devices : 3
     Total Devices : 0
       Persistence : Superblock is persistent

       Update Time : Fri Jan 15 09:00:57 2021
             State : clean, FAILED
    Active Devices : 0
    Failed Devices : 0
     Spare Devices : 0

            Layout : left-symmetric
        Chunk Size : 512K
Consistency Policy : resync
    Number   Major   Minor   RaidDevice State
       -       0       0        0       removed
       -       0       0        1       removed
       -       0       0        2       removed
```

④停用整个 RAID 磁盘阵列，完成移除磁盘阵列。

```
[root@www ~]# mdadm --stop /dev/md0
mdadm: stopped /dev/md0
```

```
[root@www ~]# ls /dev/md0
ls: cannot access '/dev/md0': No such file or directory
[root@www ~]# mdadm --remove /dev/md0
mdadm: removed /dev/md0
```

任务 4.3　逻辑卷管理

【任务工单】任务工单 4-3：逻辑卷管理

任务名称	逻辑卷管理				
组别		成员		小组成绩	
学生姓名				个人成绩	
任务情境	逻辑卷管理机制是 Linux 系统管理磁盘分区的一种机制，它建立在磁盘和分区之上，可以帮助管理员动态地管理磁盘。请你认识和理解逻辑卷，能够管理逻辑卷。				
任务目标	认识和管理逻辑卷。				
任务要求	按本任务后面列出的具体任务内容，完成管理逻辑卷等工作。				
知识链接					
计划决策					
任务实施	1. 认识逻辑卷。 2. 部署逻辑卷。 3. 扩容逻辑卷。 4. 缩小逻辑卷。 5. 删除逻辑卷。				
检查	1. 认识逻辑卷；2. 部署逻辑卷；3. 扩容逻辑卷；4. 缩小逻辑卷；5. 删除逻辑卷。				
实施总结					
小组评价					
任务点评					

【前导知识】

任何管理员在按照传统方式管理磁盘、为磁盘分区时，都难以精确地评估和分配磁盘各个分区的容量，随着时间的推移，需要存储的文件也会越来越多，磁盘的空间总会有不足的时候。此时可先将文件存储到其他分区中，再通过符号链接获取文件位置，或通过分区调整工具调整分区的大小。这两种方式的操作步骤看似简单，但可操作性极为有限。为了解决上述问题，人们提出了逻辑卷管理机制（Logical Volume Manager，LVM）。LVM 是 Linux 系统管理磁盘分区的一种机制，它建立在磁盘和分区之上，可以帮助管理员动态地管理磁盘，提高磁盘分区管理的灵活性。

【任务内容】

1. 认识逻辑卷。
2. 部署逻辑卷。
3. 扩容逻辑卷。
4. 缩小逻辑卷。
5. 删除逻辑卷。

【任务实施】

1. 认识逻辑卷

逻辑卷管理机制（LVM）允许用户对硬盘资源进行动态调整。LVM 是 Linux 系统用于对硬盘分区进行管理的一种机制，创建初衷是解决硬盘设备在创建分区后不易修改分区大小的缺陷。尽管对传统的硬盘分区进行强制扩容或缩容从理论上来讲是可行的，但是却可能造成数据的丢失。而 LVM 技术是在硬盘分区和文件系统之间添加了一个逻辑层，它提供了一个抽象的卷组，可以把多块硬盘进行卷组合并。这样用户不必关心物理硬盘设备的底层架构和布局，就可以实现对硬盘分区的动态调整。

LVM 术语

①物理卷（Physical Volume，PV），处于 LVM 中的最底层，可以将其理解为物理硬盘、硬盘分区或者 RAID 磁盘阵列。

②卷组（Volume Group，VG），建立在物理卷之上，一个卷组能够包含多个物理卷，而且在卷组创建之后也可以继续向其中添加新的物理卷。

③逻辑卷（Logical Volume，LV），是用卷组中空闲的资源建立的，并且逻辑卷在建立后可以动态地扩展或缩小空间。

2. 部署逻辑卷

在生产环境中无法在最初时就精确地评估每个硬盘分区在日后的使用情况，因此会导致原先分配的硬盘分区不够用。比如，伴随着业务量的增加，用于存放交易记录的数据库目录的体积也随之增加；因为分析并记录用户的行为从而导致日志目录的体积不断变大，这些都会导致原有的硬盘分区在使用上捉襟见肘。而且，还存在对较大的硬盘分区进行精简缩容的情况。

可以通过部署 LVM 来解决上述问题。部署时，需要逐个配置物理卷、卷组和逻辑卷，常用的部署命令见表 4-4。

表 4-4 常用的 LVM 部署命令

功能/命令	物理卷管理	卷组管理	逻辑卷管理
扫描	pvscan	vgscan	lvscan
建立	pvcreate	vgcreate	lvcreate
显示	pvdisplay	vgdisplay	lvdisplay
删除	pvremove	vgremove	lvremove
扩展		vgextend	lvextend
缩小		vgreduce	lvreduce

在虚拟机中添加两块新硬盘设备，先对这两块新硬盘进行创建物理卷的操作，可以将该操作简单理解成让硬盘设备支持 LVM 技术，或者理解成是把硬盘设备加入 LVM 技术可用的硬件资源池中，然后对这两块硬盘进行卷组合并，卷组的名称允许由用户自定义。接下来，根据需求把合并后的卷组划分出 150 MB 的逻辑卷设备，最后把这个逻辑卷设备格式化成 ext4 文件系统后挂载使用，具体步骤如下：

①让新添加的两块硬盘设备支持 LVM 技术。

```
[root@www ~]# pvcreate /dev/sdb /dev/sdc
  Physical volume "/dev/sdb" successfully created.
  Physical volume "/dev/sdc" successfully created.
```

②把两块硬盘设备加入 vg0 卷组中，然后查看卷组的状态。

```
[root@www ~]# vgcreate vg0 /dev/sdb /dev/sdc
  Volume group "vg0" successfully created
[root@www ~]# vgdisplay
  --- Volume group ---
  VG Name               vg0
  System ID
  Format                lvm2
  Metadata Areas        2
  Metadata Sequence No  1
  VG Access             read/write
  VG Status             resizable
  MAX LV                0
  Cur LV                0
  Open LV               0
  Max PV                0
  Cur PV                2
  Act PV                2
  VG Size               9.99 GiB
  PE Size               4.00 MiB
```

```
Total PE                2558
Alloc PE / Size         0 / 0
Free PE / Size          2558 / 9.99 GiB
VG UUID                 frE6OL-sr2x-r7wi-xGVv-q0zS-UcMb-O9vcFS
…………省略部分输出信息…………
```

③划分出 150 MB 的逻辑卷设备。

```
[root@www ~]# lvcreate -n lv0 -L 150M vg0
  Logical volume "lv0" created.
[root@www ~]# lvdisplay
  --- Logical volume ---
  LV Path                /dev/vg0/lv0
  LV Name                lv0
  VG Name                vg0
  LV UUID                b13evW-B4GV-F6FN-Ut5K-70eX-DEWU-8qpR0f
  LV Write Access        read/write
  LV Creation host, time www, 2022-09-18 16:04:16 +0800
  LV Status              available
  # open                 0
  LV Size                152.00 MiB
  Current LE             38
  Segments               1
  Allocation             inherit
  Read ahead sectors     auto
  - currently set to     8192
  Block device           253:2
…………省略部分输出信息…………
```

④把生成好的逻辑卷进行格式化，然后挂载使用。

Linux 系统会把 LVM 中的逻辑卷设备存放在/dev 设备目录中，同时会以卷组的名称来建立一个目录，其中保存了逻辑卷的设备映射文件（即/dev/卷组名称/逻辑卷名称）。

```
[root@www ~]# mkfs.ext4 /dev/vg0/lv0
mke2fs 1.42.9 (28-Dec-2013)
文件系统标签=
OS type: Linux
块大小=1024 (log=0)
分块大小=1024 (log=0)
Stride=0 blocks, Stripe width=0 blocks
38912 inodes, 155648 blocks
7782 blocks (5.00%) reserved for the super user
第一个数据块=1
Maximum filesystem blocks=33816576
19 block groups
8192 blocks per group, 8192 fragments per group
2048 inodes per group
```

```
Superblock backups stored on blocks:
        8193, 24577, 40961, 57345, 73729
Allocating group tables: 完成
正在写入 inode 表: 完成
Creating journal (4096 blocks): 完成
Writing superblocks and filesystem accounting information: 完成
[root@www ~]# mkdir /mnt/lv
[root@www ~]# mount /dev/vg0/lv0 /mnt/lv
```

⑤查看挂载状态，并写入配置文件，使其永久生效。

```
[root@www ~]# df -hT
文件系统                     类型       容量   已用    可用    已用%  挂载点
devtmpfs                    devtmpfs   894M   0      894M    0%    /dev
tmpfs                       tmpfs      910M   0      910M    0%    /dev/shm
tmpfs                       tmpfs      910M   11M    900M    2%    /run
tmpfs                       tmpfs      910M   0      910M    0%    /sys/fs/cgroup
/dev/mapper/centos-root     xfs        17G    4.0G   14G     24%   /
/dev/loop0                  iso9660    4.5G   4.5G   0       100%  /var/ftp/dvd
/dev/sr0                    iso9660    4.5G   4.5G   0       100%  /media/cdrom
/dev/sda1                   xfs        1014M  185M   830M    19%   /boot
tmpfs                       tmpfs      182M   12K    182M    1%    /run/user/42
tmpfs                       tmpfs      182M   0      182M    0%    /run/user/0
/dev/mapper/vg0-lv0 ext4 144M 1.6M 132M 2%   /mnt/lv
[root@www ~]# echo "/dev/vg0/lv0 /mnt/lv ext4 defaults 0 0" >> /etc/fstab
[root@www ~]# cat /etc/fstab
#
# /etc/fstab
# Created by anaconda on Tue Jul 21 05:03:40 2020
#
# Accessible filesystems, by reference, are maintained under '/dev/disk/'.
# See man pages fstab(5), findfs(8), mount(8) and/or blkid(8) for more info.
#
# After editing this file, run'systemctl daemon-reload'to update systemd
# units generated from this file.
#
/dev/mapper/rhel-root                          /                  xfs      defaults        0 0
UUID=2db66eb4-d9c1-4522-8fab-ac074cd3ea0b/boot                    xfs      defaults        0 0
/dev/mapper/rhel-swap                          swap               swap     defaults        0 0
/dev/cdrom                                     /media/cdrom       iso9660  defaults        0 0
/dev/vg0/lv0                    /mnt/lv        ext4     defaults  0 0
```

3. 扩容逻辑卷

卷组是由两块硬盘设备共同组成的。用户在使用存储设备时感知不到设备底层的架构和布局，更不用关心底层是由多少块硬盘组成的，只要卷组中有足够的资源，就可以一直为逻辑卷扩容。扩容前请一定要记得卸载设备和挂载点的关联，步骤如下：

①卸载设备。

```
[root@www ~]# umount /mnt/lv
```

②逻辑卷 lv0 扩展至 290 MB。

```
[root@www ~]# lvextend -L 290M /dev/vg0/lv0
  Rounding size to boundary between physical extents: 292.00 MiB.
  Size of logical volume vg0/lv0 changed from 152.00 MiB (38 extents) to 292.00 MiB (73 extents).
  Logical volume vg0/lv0 successfully resized.
```

③检查硬盘的完整性，确认目录结构、内容和文件内容没有丢失。

```
[root@www ~]# e2fsck -f /dev/vg0/lv0
e2fsck 1.42.9 (28-Dec-2013)
第 1 步：检查 inode,块,和大小
第 2 步：检查目录结构
第 3 步：检查目录连接性
第 4 步：Checking reference counts
第 5 步：检查簇概要信息
/dev/vg0/lv0: 11/38912 files (0.0% non-contiguous), 10567/155648 blocks
```

④重置设备在系统中的容量。

```
[root@www ~]# resize2fs /dev/vg0/lv0
resize2fs 1.42.9 (28-Dec-2013)
Resizing the filesystem on /dev/vg0/lv0 to 102400 (1k) blocks.
The filesystem on /dev/vg0/lv0 is now 102400 blocks long.
```

⑤重新挂载硬盘设备并查看挂载状态。

```
[root@www ~]# mount -a
[root@www ~]# df -hT
Filesystem              Size   Used   Avail  Use%   Mounted on
devtmpfs                969M   0      969M   0%     /dev
tmpfs                   984M   0      984M   0%     /dev/shm
tmpfs                   984M   8.6M   974M   1%     /run
tmpfs                   984M   0      984M   0%     /sys/fs/cgroup
/dev/mapper/rhel-root   17G    3.9G   14G    23%    /
/dev/sr0                5.7G   5.7G   0      100%   /media/cdrom
/dev/sda1               1014M  152M   863M   15%    /boot
tmpfs                   197M   16K    197M   1%     /run/user/42
tmpfs                   197M   3.4M   194M   2%     /run/user/0
/dev/mapper/vg0-lv0     279M   2.1M   259M   1%     /mnt/lv
```

4. 缩小逻辑卷

在对逻辑卷进行缩容操作时,数据丢失的风险更大,所以一定要提前备份好数据。另外,Linux 系统规定,在对 LVM 逻辑卷进行缩容操作之前,要先检查文件系统的完整性。在执行缩容操作前,记得先把文件系统卸载掉。具体步骤如下:

① 卸载设备。

```
[root@www ~]# umount /mnt/lv
```

② 检查文件系统的完整性。

```
[root@www ~]# e2fsck -f /dev/vg0/lv0
e2fsck 1.42.9 (28-Dec-2013)
第 1 步:检查 inode、块和大小。
第 2 步:检查目录结构。
第 3 步:检查目录连接性。
第 4 步:Checking reference counts。
第 5 步:检查簇概要信息。
/dev/vg0/lv0:11/75776 files (0.0% non-contiguous),15729/299008 blocks
```

③ 通知系统内核将逻辑卷 lv0 的容量减小到 100 MB。

```
[root@www ~]# resize2fs /dev/vg0/lv0 100M
resize2fs 1.42.9 (28-Dec-2013)
Resizing the filesystem on /dev/vg0/lv0 to 102400 (1k) blocks.
The filesystem on /dev/vg0/lv0 is now 102400 blocks long.
```

④ 将 lv0 逻辑卷的容量修改为 100 MB。

```
[root@www ~]# lvreduce -L 100M /dev/storage/vo
  WARNING: Reducing active logical volume to 100.00 MiB.
  THIS MAY DESTROY YOUR DATA (filesystem etc.)
Do you really want to reduce vg0/lv0? [y/n]: y
  Size of logical volume vg0/lv0 changed from 292.00 MiB (73 extents) to 100.00 MiB (25 extents).
  Logical volume vg0/lv0 successfully resized.
```

⑤ 重新挂载文件系统并查看系统状态。

```
[root@www ~]# mount -a
[root@www ~]# df -hT
文件系统                 类型       容量    已用   可用    已用%  挂载点
devtmpfs                devtmpfs   894M   0     894M   0%    /dev
tmpfs                   tmpfs      910M   0     910M   0%    /dev/shm
tmpfs                   tmpfs      910M   11M   900M   2%    /run
tmpfs                   tmpfs      910M   0     910M   0%    /sys/fs/cgroup
/dev/mapper/centos-root xfs        17G    4.0G  14G    24%   /
```

```
/dev/loop0              iso9660    4.5G   4.5G      0   100%  /var/ftp/dvd
/dev/sr0                iso9660    4.5G   4.5G      0   100%  /media/cdrom
/dev/sda1               xfs       1014M   185M   830M    19%  /boot
tmpfs                   tmpfs      182M    12K   182M     1%  /run/user/42
tmpfs                   tmpfs      182M      0   182M     0%  /run/user/0
/dev/mapper/vg0-lv0     ext4        93M   1.6M    85M     2%  /mnt/lv
```

5. 删除逻辑卷

要重新部署 LVM 或者不再需要使用 LVM 时，则要执行 LVM 的删除操作。为此，需要提前备份好重要的数据信息，然后依次删除逻辑卷、卷组、物理卷设备，这个顺序不可颠倒，具体步骤如下：

①取消逻辑卷与目录的挂载关联，删除配置文件中永久生效的设备参数。

```
[root@www ~]# umount /mnt/lv
[root@www ~]# vim /etc/fstab
#
# /etc/fstab
# Created by anaconda on Tue Jul 21 05:03:40 2020
#
# Accessible filesystems, by reference, are maintained under '/dev/disk/'.
# See man pages fstab(5), findfs(8), mount(8) and/or blkid(8) for more info.
#
# After editing this file, run 'systemctl daemon-reload' to update systemd
# units generated from this file.
#
/dev/mapper/rhel-root                              /            xfs      defaults
        0 0
UUID=2db66eb4-d9c1-4522-8fab-ac074cd3ea0b  /boot        xfs      defaults
        0 0
/dev/mapper/rhel-swap                              swap         swap     defaults
        0 0
/dev/cdrom                                         /media/cdrom iso9660  defaults
        0 0
/dev/vg0/lv0           /mnt/lv         ext4        defaults 0 0
```

②删除逻辑卷设备，需要输入 y 来确认操作。

```
[root@www ~]# lvremove /dev/vg0/lv0
Do you really want to remove active logical volume vg0/lv0? [y/n]: y
  Logical volume "lv0" successfully removed
```

③删除卷组，此处只写卷组名称即可，不需要设备的绝对路径。

```
[root@www ~]# vgremove vg0
  Volume group "vg0" successfully removed
```

④删除物理卷设备。

```
[root@www ~]# pvremove /dev/sdb /dev/sdc
  Labels on physical volume "/dev/sdb" successfully wiped.
  Labels on physical volume "/dev/sdc" successfully wiped.
```

【知识考核】

1. 填空题

（1）请写出你所知道的文件系统类型（4种以上）：_____、_____、_____ 和 _____。

（2）_____ 将一个个单独的磁盘以不同的组合方式形成一个逻辑硬盘，从而提高了磁盘读取的性能和数据的安全性。

（3）在创建物理卷之前，必须先对磁盘进行分区，并将磁盘分区的类型设置为_____，之后才能将分区初始化为_____。

（4）Linux 系统下光盘对应的设备文件是 _____。

（5）RHEL7 的默认文件系统 _____。

2. 选择题

（1）创建逻辑卷的命令是（　　）。

　A. fdisk　　　　B. mount　　　　C. pvcreate　　　　D. lvcreate

（2）Linux 系统下查看磁盘使用情况的命令是（　　）。

　A. dd　　　　B. df　　　　C. fdisk　　　　D. mount

（3）（　　）命令用来装载所有在 /etc/fstab 中定义的文件系统。

　A. amount　　　　B. mount－a　　　　C. fmount　　　　D. mount－f

（4）下列关于/etc/fstab 文件的描述，正确的是（　　）。

　A. fstab 文件只能描述属于 Linux 的文件系统

　B. CD_ROM 和软盘必须是自动加载的

　C. fstab 文件中描述的文件系统不能被卸载

　D. 启动时按 fstab 文件描述内容加载文件系统

（5）以下挂载光盘的方法中，正确的是（　　）。

　A. mount /mnt/cdrom

　B. mount /dev/cdrom /mnt/cdrom

　C. mount /dev/cdrom

　D. umount /mnt/cdrom /dev/cdrom

3. 问答题

（1）RAID 技术主要是为了解决什么问题？

（2）RAID 0 和 RAID 5 哪个更安全？

（3）LVM 的删除顺序是怎么样的？

项目 5

网络配置与安装源管理

【项目导读】

Linux 提供强大的网络功能，提供了许多网络工具帮助用户完成各种复杂的网络配置，实现需要的网络服务。设置 Linux 网络既可以通过命令行的方式，也可以通过图形界面。接入网络的计算机需要依靠 IP 地址来标识自己在网络中的身份，没有 IP 地址则无法进行网络通信。因此，配置 IP 地址是 Linux 系统能否成功上网的关键。Linux 主机要与网络中其他主机进行通信，还要配置主机名、子网掩码、默认网关、DNS 服务器等。在进行网络配置之后，还要对网络进行检测，如"ping"命令就是用来检测网络连通性的。

在一个 Linux 系统中，可能会安装成千上万的应用软件，这么多的应用软件都需要系统管理员进行管理。如果 Linux 的系统管理者要管理系统上的所有软件，并且都必须通过传统软件管理的方法，那么应该就不会有人愿意使用 Linux 了。通过 PRM 和 YUM，可以更轻松方便地管理 Linux 上所有的软件。

综上所述，本项目要完成的任务有 Linux 网络配置、RPM 包管理和 YUM 仓库配置。

【项目目标】

- 检查并设置有线处于连接状态；
- 设置主机名；
- 使用系统菜单配置网络；
- 使用网卡配置文件配置网络；
- 使用图形化界面配置网络；
- 网络检测的常用工具；
- RPM 概述；
- RPM 命令使用；
- YUM 概述；
- YUM 仓库。

【项目地图】

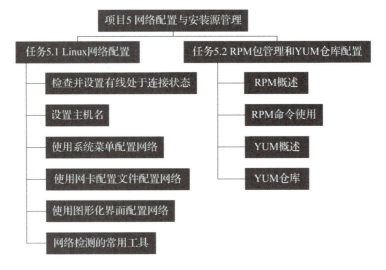

任务 5.1 Linux 网络配置

【任务工单】任务工单 5-1：Linux 网络配置

任务名称	Linux 网络配置			
组别		成员	小组成绩	
学生姓名			个人成绩	
任务情境	用户需要利用 Linux 进行网络通信，现请你以各种方法进行 Linux 的网络配置。			
任务目标	掌握 Linux 网络配置的方法。			
任务要求	按本任务后面列出的具体任务内容，完成 Linux 网络配置的工作。			
知识链接				
计划决策				
任务实施	1. 检查并设置有线处于连接状态。 2. 设置主机名。 3. 使用系统菜单配置网络。 4. 使用网卡配置文件配置网络。 5. 使用图形化界面配置网络。 6. 网络检测的常用工具。			
检查	1. 检查并设置有线处于连接状态；2. 设置主机名；3. 使用系统菜单配置网络；4. 使用网卡配置文件配置网络；5. 使用图形化界面配置网络；6. 网络检测的常用工具。			
实施总结				
小组评价				
任务点评				

【前导知识】

Linux 网络的基本配置与网络接口的初始化，主要是通过一组配置文件、可执行脚本程序和相应命令来控制，它们统称为 Linux 的基本网络参数。通过对配置文件的配置，便可以控制 Linux 网络的 IP 地址、网关、DNS、主机名等网络信息。

【任务内容】

1. 检查并设置有线处于连接状态。
2. 设置主机名。
3. 使用系统菜单配置网络。
4. 使用网卡配置文件配置网络。
5. 使用图形化界面配置网络。
6. 网络检测的常用工具。

【任务实施】

1. 检查并设置有线处于连接状态

Linux 主机要与网络中其他主机进行通信，首先要进行正确的网络配置。网络配置通常包括主机名、IP 地址、子网掩码、默认网关、DNS 服务器等。

单击桌面右上角的"启动"按钮，单击"Connect"按钮，设置有线处于连接状态，如图 5-1 所示。设置完成后，右上角将出现有线连接的小图标，如图 5-2 所示。

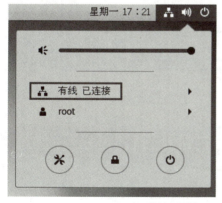

图 5-1　设置有线处于连接状态

图 5-2　有线处于连接状态

2. 设置主机名

CentOS 7 有以下 3 种形式的主机名：

①静态的（static）："静态"主机名也称为内核主机名，是系统在启动时从/etc/hostname 自动初始化的主机名。

②瞬态的（transient）："瞬态"主机名是在系统运行时临时分配的主机名，由内核管理。例如，通过 DHCP 或 DNS 服务器分配的 localhost 就是这种形式的主机名。

③灵活的（pretty）："灵活"主机名是 UTF8 格式的自由主机名，以展示给终端用户。

与之前版本不同，CentOS 7 中的主机名配置文件为/etc/hostname，可以在配置文件中直接更改主机名。

更改主机名的方法有以下 3 种：

（1）使用 nmtui 修改主机名

在如图 5-3、图 5-4 所示的界面中进行配置。

```
[root@www ~]# nmtui
```

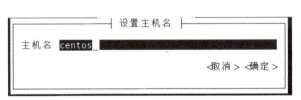

图 5-3　配置 hostname　　　　　图 5-4　修改主机名为 centos

使用 NetworkManager 的 nmtui 接口修改了静态主机名后（/etc/hostname 文件），不会通知 hostnamectl。要想强制让 hostnamectl 知道静态主机名已经被修改，需要重启 hostnamed 服务。

```
[root@localhost ~]# systemctl restart systemd-hostnamed
[root@www ~]# bash
```

（2）使用 hostnamectl 修改主机名

设置新的主机名：

```
root@localhost ~]# hostnamectl set-hostname www
[root@www ~]# bash
```

（3）使用 NetworkManager 的命令行接口 nmcli 修改主机名

nmcli 可以修改/etc/hostname 中的静态主机名。

查看主机名：

```
[root@localhost ~]# nmcli general hostname
localhost.com
```

设置新主机名：

```
[root@www ~]# nmcli general hostname www
[root@www ~]# nmcli general hostname
www
```

重启 hostnamed 服务让 hostnamectl 知道静态主机名已经被修改：

```
[root@www ~]# systemctl restart systemd-hostnamed
```

3. 使用系统菜单配置网络

在 Linux 系统上配置服务之前，必须先保证主机之间能够顺畅地通信。可以单击桌面右上角的网络连接图标，打开网络配置界面，一步步完成网络信息查询和网络配置。具体过程如图 5-5~图 5-8 所示。

图 5-5 单击"有线设置"选项

图 5-6 网络配置：单击"打开"按钮激活连接、单击"齿轮"按钮进行配置

图 5 – 7　配置有线连接

图 5 – 8　配置 IPv4 等信息

设置完成后，单击"应用"按钮应用配置，回到图 5 – 7 所示的界面。注意，网络连接应该设置在"打开"状态，如果在"关闭"状态，请进行修改。此外，有时需要重启系统，这样配置才能生效。

4．使用网卡配置文件配置网络

在 CentOS 7 中，网卡配置文件的前缀以 ifcfg 开始，如 ifcfg – ens32。

名称为 ifcfg – ens32 的网卡设备，将其配置为开机自启动，并且 IP 地址、子网、网关等信息由人工指定，其步骤如下。

①切换到/etc/sysconfig/network-scripts 目录中（存放着网卡的配置文件）。

②使用 vim 编辑器修改网卡文件 ifcfg-ens32，逐项写入下面的配置参数并保存退出。由于每台设备的硬件及架构是不一样的，使用 ifconfig 命令确认网卡的默认名称。

设备类型：TYPE = Ethernet。
地址分配模式：BOOTPROTO = static。
网卡名称：NAME = ens32。
是否启动：ONBOOT = yes。
IP 地址：IPADDR = 192.168.100.3。
子网掩码：NETMASK = 254.254.255.0。
网关地址：GATEWAY = 192.168.100.2。
DNS 地址：DNS1 = 8.8.8.8。

③重启网络服务并测试网络是否连通。

进入网卡配置文件所在的目录，然后编辑网卡配置文件，具体信息如下：

```
[root@www ~]# cd /etc/sysconfig/network-scripts/
[root@wwwnetwork-scripts]# vim ifcfg-ens32
TYPE = Ethernet
PROXY_METHOD = none
BROWSER_ONLY = no
BOOTPROTO = static
NAME = ens32
UUID = 9d5c53ac-93b5-41bb-af37-4908cce6dc31
DEVICE = ens32
ONBOOT = yes
IPADDR = 192.168.100.3
NETMASK = 254.255.255.0
GATEWAY = 192.168.100.2
DNS1 = 8.8.8.8
```

执行重启网卡设备的命令，然后通过 ping 命令测试网络能否连通。

```
[root@www network-scripts]# systemctl restart network
[root@www network-scripts]# ping -c 4 192.168.100.3
PING 192.168.100.3 (192.168.100.3) 56(84) bytes of data.
64 bytes from 192.168.100.3: icmp_seq=1 ttl=64 time=0.110 ms
64 bytes from 192.168.100.3: icmp_seq=2 ttl=64 time=0.073 ms
64 bytes from 192.168.100.3: icmp_seq=3 ttl=64 time=0.042 ms
64 bytes from 192.168.100.3: icmp_seq=4 ttl=64 time=0.050 ms
```

5. 使用图形化界面配置网络

使用 nmtui 命令来配置网络，具体步骤如下：

①在命令窗口输入 nmtui；

```
[root@www network-scripts]# nmtui
```

②显示图 5-9 所示的图形配置界面。

③配置过程如图 5-10 和图 5-11 所示。

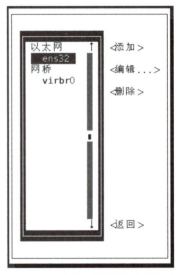

图 5-9　选中"编辑连接"，并按下 Enter 键

图 5-10　选中要编辑的网卡名称，然后单击"编辑"按钮

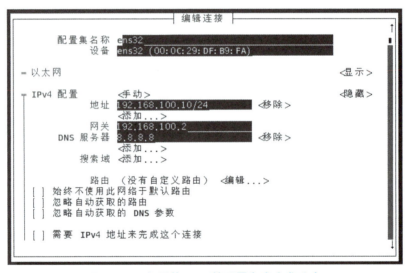

图 5-11　把网络 IPv4 的配置方式改成手动

④单击"显示"按钮，显示信息配置框，在服务器主机的网络配置信息中填写 IP 地址 192.168.100.10/24 等信息，单击"确定"按钮，如图 5-12 所示。

⑤单击"返回"按钮回到 nmtui 图形界面初始状态，选中"编辑连接"选项，激活并编辑刚才的连接"ens32"。前面有"*"号表示激活，如图 5-13 和图 5-14 所示。

⑥至此，在 Linux 系统中配置网络的步骤就结束了。

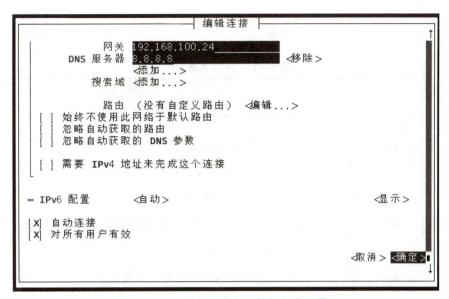

图 5-12　单击"确定"按钮保存配置

图 5-13　选择"编辑连接"选项

图 5-14　激活连接或使连接失效

```
[root@centos ~]# ifconfig
ens32: flags=4163<UP,BROADCAST,RUNNING,MULTICAST> mtu 1500
      inet 192.168.100.10 netmask 254.254.255.0 broadcast 192.168.100.255
      inet6 fe80::e097:60f1:786e:d63d prefixlen 64 scopeid 0x20<link>
      ether 00:0c:29:df:b9:fa txqueuelen 1000 (Ethernet)
      RX packets 1186 bytes 116616 (113.8 KiB)
      RX errors 0 dropped 0 overruns 0 frame 0
      TX packets 554 bytes 68835 (66.2 KiB)
      TX errors 0 dropped 0 overruns 0 carrier 0 collisions 0
……
```

6. 网络检测的常用工具

常用网络工具见表 5-1。

表 5-1　常用网络工具

命令工具	功能说明
ifconfig	检测网络接口配置
route	检测路由配置
ping	检测网络连通性
ss	查看套接字信息
lsof	查看指定 IP 和/或端口的进程的当前运行情况
host/dig/nslookup	检测 DNS 解析
traceroute	检测到目的主机所经过的路由器
tcpdump	显示本机网络流量的状态

（1）ping

测试网络的连通性，例如：

```
# ping www.sina.com.cn
# ping -c 4 192.168.100.2
```

（2）traceroute

显示数据包到达目的主机所经过的路由，例如：

```
# traceroute www.sina.com.cn
```

（3）netstat

查看网络端口。

```
# netstat -an
# netstat -lunpt
```

（4）lsof

查看在指定 IP 和/或端口上打开的进程。

查看指定 IP 的进程的运行情况：

```
# lsof -i @192.168.100.20
# lsof -n -i UDP@192.168.100.20
```

查看指定端口运行的程序：

```
# lsof -i :ssh
# lsof -i :22
```

(5) dig

根据/etc/resolv.conf 中的 DNS 服务器配置查询 ls-al.me 的 IP 地址：

```
# dig ls-al.me
```

向指定的 DNS 服务器查询 baidu.com 的 IP 地址：

```
# dig @8.8.8.8 baidu.com
```

查询 192.168.100.252 所对应的域名：

```
# dig -x 192.168.100.252
```

查询 163.com 域的 MX 记录：

```
# dig -t mx 163.com
```

任务 5.2 RPM 包管理和 YUM 仓库配置

【任务工单】任务工单 5-2：RPM 包管理和 YUM 仓库配置

任务名称	RPM 包管理和 YUM 仓库配置			
组别		成员	小组成绩	
学生姓名			个人成绩	
任务情境	用户需要使用 Linux 管理计算机上的软件，如安装、卸载等，现请你使用 RPM 和 YUM 完成软件的管理工作。			
任务目标	掌握 RPM 和 YUM 的基本原理和使用方法。			
任务要求	按本任务后面列出的具体任务内容，完成 RPM 和 YUM 的软件管理工作。			
知识链接				
计划决策				
任务实施	1. RPM 概述。 2. RPM 命令使用。 3. YUM 概述。 4. YUM 仓库。			
检查	1. RPM 概述；2. RPM 命令使用；3. YUM 概述；4. YUM 仓库。			
实施总结				
小组评价				
任务点评				

【前导知识】

RPM 是由 Red Hat 公司开发的软件包安装和管理程序。使用 RPM，用户可以通过命令很简便地安装和管理 Linux 上的应用程序与系统工具。现在 RPM 已经可以在包括 Red Hat、SUSE、Red Flag 等在内的很多 Linux 发行版本中广泛使用，可以算是公认的行业标准了。除了 RPM，还使用一种更加简单、更加人性化的软件管理工具，那就是在 CentOS 中的 YUM 软件。Linux 5 以后，YUM 就已经整合到 Linux 系统中了，可以利用 YUM 来安装、升级、删除 Linux 中的软件。

【任务内容】

1. RPM 概述。
2. RPM 命令使用。
3. YUM 概述。
4. YUM 仓库。

【任务实施】

1. RPM 概述

RPM 最早是由 Red Hat 公司提出的软件包管理标准，最初的全称是 Red Hat Package Manager。后来随着版本的升级，又融入了许多其他的优秀特性，成为 Linux 中公认的软件包管理标准，被许多 Linux 发行使用，如 RHEL/CentOS/Fedora、SLES/openSUSE 等。如今 RPM 是 RPM Package Manager 的缩写，由 RPM 社区（http://www.rpm.org/）负责维护。

（1）RPM 的优点
①易于安装，升级便利。
②丰富的软件包查询功能。
③软件包内容校验功能。
④支持多种硬件平台。

（2）RPM 的五大功能
①安装——将软件从包中解出来，并安装到硬盘。
②卸载——将软件从硬盘清除。
③升级——替换软件的旧版本。
④查询——查询软件包的信息。
⑤验证——检验系统中的软件与包中软件的区别。

（3）RPM 组件
①本地数据库。
②RPM 及其相关的可执行文件。
③RPM 前端工具，如 YUM。

④软件包文件。

(4) RPM 包的名称格式

```
name-version.type.rpm
```

如:zsh-3.0.5-15.{i386,x86_64,src}.rpm

name:软件的名称。

version:软件的版本号。

type:包的类型。

i[3456]86:在 Intel x86 计算机平台上编译的。

x86_64:在 Intel x86_64 计算机平台上编译的。

src:软件源代码。

rpm:文件扩展名。

(5) 获得 RPM 包

①从发行套件的 CD 中查找。

②从软件的主站点查找下载。

③从 http://www.rpmfind.net 查找下载。

④从 http://atrpms.net/查找下载。

⑤从 http://rpm.pbone.net/查找下载。

2. RPM 命令使用

(1) 安装、升级和删除软件命令

安装:rpm　　　-i|--install　　　<rpmfile> …

升级:rpm　　　-U|--upgrade　　<rpmfile> …

刷新:rpm　　　-F|--freshen　　　<rpmfile> …

删除:rpm　　　-e|--erase　　　<package> …

此外,参数 -v 在软件安装时显示软件名称, -h 使用 "#" 显示进度, rpmfile 的 URL 支持 ftp://、http://源。

(2) RPM 的基本查询

①查询已安装的所有软件包:

```
rpm -qa
```

②查询软件包是否安装并查看软件包的版本:

```
rpm -q <package_name>
```

③查询软件包信息:

```
rpm -qi <package_name>
rpm -qip <package_file_path_name>
```

④查询软件包中所有文件的名称:

```
rpm -ql <package_name>
rpm -qlp <package_file_path_name>
```

⑤查询磁盘上的文件是从哪个软件包安装的:

```
rpm -qf <path_name>
```

3. YUM 概述

(1) YUM 概念

YUM(全称为 Yellow dog Updater, Modified)是 RPM 软件包管理器,用 Python 写成。YUM 的宗旨是自动化地升级、安装/移除 RPM 包、收集 RPM 包的相关信息、检查依赖性并自动提示用户解决。YUM 是 RPM 的前端程序、RHEL 的 up2date 的替代工具。YUM 的关键之处是要有可靠的软件仓库,可以是 HTTP、FTP 站点或是本地软件池包含 RPM 包的各种信息(包括描述、功能、提供的文件、依赖性等)。YUM 正是由于收集各种信息并加以分析,才能自动化地完成安装、更新、删除等任务。

(2) YUM 的特点

①便于管理大量系统的更新问题。

②自动解决包的依赖性问题,能更方便地添加、删除、更新 RPM 包。

③可以同时配置多个资源库。

④可以在多个库之间定位软件包。

⑤拥有简洁的配置文件。

⑥保持与 RPM 数据库的一致性。

⑦有一个比较详细的 log,可以查看何时升级、安装了什么软件包等。

(3) YUM 组件

①yum 命令。通过 yum 命令使用 YUM 提供的众多功能。由名为"YUM"的软件包提供(默认已安装)。YUM 软件的主页为 http://linux.duke.edu/yum/。

②YUM 插件。由官方或第三方开发的 YUM 插件用于扩展 YUM 的功能。通常由"yum-<pluginname>"软件包提供。

③YUM 仓库。

④YUM 缓存。

(4) 常用的 YUM 插件

①yum-priorities:设置多个仓库的使用优先级别。

②yum-versionlock:用于锁定某软件的版本,以免更新。

③yum-changelog:查看包更新前后的改变。

④yum-aliases:为 yum 命令使用别名。

⑤yum-security:为 YUM 提供安全过滤器。

4. YUM 仓库

（1）YUM 仓库的概念

YUM 仓库（repository）也称"更新源"。一个 YUM 软件仓库就是一个包含了仓库数据的存放众多 RPM 文件的目录。YUM 仓库数据通常存放在名为"repodata"的子目录中。YUM 客户通过访问 YUM 仓库数据进行分析并完成查询、安装、更新等操作。YUM 客户可以使用 http://、ftp:// 或 file://（本地文件）协议访问 YUM 仓库。YUM 客户可以使用官方和第三方提供的众多 YUM 仓库更新系统。createrepo、yum-utils 等软件包（默认未安装）中提供了 YUM 仓库管理工具。

（2）YUM 主配置文件/etc/yum.conf

```
[main]
cachedir = /var/cache/yum  # 指定YUM缓存目录
keepcache = 0       # 是否保持缓存(包括仓库数据和RPM),1保存,0不保存
debuglevel = 2      # 设置日志记录等级(0~10),数值越高,记录的信息越多
logfile = /var/log/yum.log      # 设置日志文件路径
distroverpkg = redhat-release   # 指定发行版本的软件包名称
tolerant = 1        # 允许YUM在出现错误时继续运行,比如不需要更新的程序包
exactarch = 1       # 更新时不允许更新不同版本的RPM包
obsoletes = 1       # 相当于upgrade,允许更新陈旧的RPM包
gpgcheck = 1        # 校验软件包的GPG签名
plugins = 1         # 默认开启YUM的插件使用
metadata_expire = 1h    # 设置仓库数据的失效时间为1小时
installonly_limit = 5   # 允许保留多少个内核包
reposdir = /etc/yum.repos.d # 指定仓库配置文件的目录,此为默认值
```

（3）YUM 的仓库配置语法

```
[repositoryid]
name = name for this repository
baseurl = url://server1/path/to/repository/
          url://server2/path/to/repository/
          url://server3/path/to/repository/
mirrorlist = url://path/to/mirrorlist/repository/
enabled = 0/1
gpgcheck = 0/1
gpgkey = A URL pointing to the GPG key file
```

搭建并配置软件仓库的大致步骤如下：

①进入/etc/yum.repos.d/目录中（该目录存放着软件仓库的配置文件）。

②使用 vi 编辑器创建一个名为 rhel8.repo 的新配置文件（文件名称可随意取，但后缀必须为.repo），逐项写入下面的配置参数并保存退出。

仓库名称：具有唯一性的标识名称，不应与其他软件仓库发生冲突。

描述信息（name）：可以是一些介绍词，易于识别软件仓库的用处。

仓库位置（baseurl）：软件包的获取方式，可以使用 FTP、HTTP 与本地 file。

是否启用（enabled）：设置此源是否被使用，1 为使用，0 为禁用。

是否检查（gpgcheck）：设置此源是否被校验，1 为校验，0 为禁用。

公钥位置（gpgkey）：若上面参数开启了校验功能，则此处为公钥文件位置；若没有开启，则省略不写。

③按配置参数中所填写的仓库位置挂载光盘，并把光盘挂载信息写入/etc/fstab 配置文件中。

④使用"yum install httpd -y"命令检查软件仓库是否已经可用。

（4）使用光盘作为本地仓库

①进入/etc/yum.repos.d 目录中后创建软件仓库的配置文件：

```
[root@www ~]# cd /etc/yum.repos.d/
[root@localhost yum.repos.d]# vim base.repo
[base]
name = base yum
baseurl = file:///media/cdrom/
enabled = 1
gpgcheck = 0
```

②创建挂载点后进行挂载操作，并设置成开机自动挂载：

```
[root@linuxprobe yum.repos.d]# mkdir -p /media/cdrom        //创建挂载点
[root@linuxprobe yum.repos.d]# mount /dev/cdrom /media/cdrom        //挂载
mount: /media/cdrom: WARNING: device write-protected, mounted read-only.
[root@linuxprobe yum.repos.d]# vim /etc/fstab        //把挂载写入配置文件
/dev/cdrom /media/cdrom iso9660 defaults 0 0
```

挂载信息各字段所表示的意义见表 5-2。

表 5-2 挂载信息各字段所表示的意义

字段	意义
设备文件	一般为设备的路径+设备名称，也可以写唯一识别码（Universally Unique Identifier, UUID）
挂载目录	指定要挂载到的目录，需在挂载前创建好
格式类型	指定文件系统的格式，比如 ext3、ext4、XFS、SWAP、iso9660（光盘设备）等
权限选项	若设置为 defaults，则默认权限为 rw、suid、dev、exec、auto、nouser、async
是否备份	若为 1，则开机后使用 dump 进行磁盘备份；为 0 则不备份
是否自检	若为 1，则开机后自动进行磁盘自检；为 0 则不自检

③尝试使用软件仓库的 yum 命令来安装 Web 服务，软件包名称为 httpd，安装命令为"yum install httpd -y"，安装后出现"Complete!"则代表配置正确。

（5）yum 命令语法

yum 是 YUM 系统的字符界面管理工具，格式：

yum ［全局参数］命令 ［命令参数］

常用的全局参数：

-y：对 yum 命令的提问回答"是（yes）"。

-C：只利用本地缓存，不从远程仓库下载文件。

--enablerepo=REPO：临时启用指定的名为 REPO 的仓库。

--disablerepo=REPO：临时禁用指定的名为 REPO 的仓库。

--installroot=PATH：指定安装软件时的根目录，主要用于为 chroot 环境安装软件。

例如，yum 命令用来安装 samba 服务，安装命令为"yum install samba -y"。

【知识考核】

1. 单选题

（1）下列（   ）命令用于删除软件包。

A. rpm -V　　　　B. rpm -q　　　　C. rpm -e　　　　D. rpm -i

（2）yum 命令使用（   ）参数重新安装软件包。

A. update　　　　B. install　　　　C. remove　　　　D. reinstall

（3）在 Linux 安装光盘中，软件包文件通常位于（   ）目录中。

A. tar　　　　　　B. Packages　　　C. bag　　　　　　D. lib

（4）下面关于文件"/etc/sysconfig/network-scripts/ifcfg-ens33"的描述，正确的是（   ）。

A. 它是一个系统脚本文件

B. 它是可执行文件

C. 它存放本机的名字

D. 它指定本机 ens33 的 IP 地址

（5）修改以太网 mac 地址的命令为（   ）。

A. ping　　　　　B. ifconfig　　　C. arp　　　　　　D. traceroute

2. 简答题

（1）如何使用命令配置以太网接口？

（2）简述 RPM 与 YUM 软件仓库的作用。

（3）如何创建本地仓库？

项目 6

服务器安全基础与日常维护

【项目导读】

随着计算机技术的迅速发展，网络安全成为一个越来越严峻的话题。现代社会对信息网络的依赖性与日俱增，对计算机网络的安全性也提出了严格的要求，但黑客技术的不断发展，给网络信息安全带来了极大的隐患。面对无所不在的网络攻击，如何更有效地保护重要的信息数据，成为一个必须要解决的问题。掌握网络安全的知识，保护网络的安全已经成为确保现代社会稳步发展的必要条件。防火墙作为计算机的第一道屏障，有效地抵御了网络攻击。对服务器的必要监控也是网络安全的基本条件。对重要的数据和信息进行备份和同步，也是网络安全的必要手段。

综上所述，本项目要完成的任务有：服务器安全设置基础、系统日常维护。

【项目目标】

- 基本的系统安全；
- 防火墙；
- 终端管理工具；
- TCP Wrapper 简介；
- 监视系统性能；
- 备份与同步。

【项目地图】

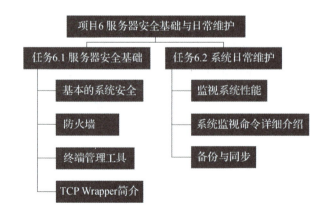

任务 6.1　服务器安全基础

【任务工单】任务工单 6-1：服务器安全基础

任务名称	服务器安全基础				
组别		成员		小组成绩	
学生姓名				个人成绩	
任务情境	用户需要掌握服务器安全的一般原则和基本的安全操作，需要理解防火墙的基本原理和相关操作及设置。				
任务目标	掌握服务器安全的设置。				
任务要求	按本任务后面列出的具体任务内容，完成服务器安全的配置工作。				
知识链接					
计划决策					
任务实施	1. 基本的系统安全。 2. 防火墙设置。 3. 终端管理工具的操作。 4. TCP Wrapper 简介。				
检查	1. 基本的系统安全；2. 防火墙；3. 终端管理工具；4. TCP Wrapper。				
实施总结					
小组评价					
任务点评					

【前导知识】

防御网络攻击、保障数据安全是非常重要的工作，防火墙作为公网与内网之间的保护屏障，在防御网络攻击、保护数据安全性方面起着至关重要的作用。防火墙也称为防护墙，是指隔离在本地网络与外界网络之间的一套防御系统、一种高级访问控制设备，是置于不同网络安全域之间的一系列部件组合，也是不同网络安全域间通信流的唯一通道。

【任务内容】

1. 基本的系统安全。
2. 防火墙。

3. 终端管理工具。

4. TCP Wrapper 简介。

【任务实施】

1. 基本的系统安全

（1）Linux 服务器安全的一般性原则

①最少的正在运行的应用程序，安装和运行最少的软件，以尽量减少漏洞，保持软件更新。

②开放所需的最少端口，关闭不必要的服务，在单独的系统上运行不同的网络服务。最大限度地减少风险，避免一个服务的问题影响到其他服务。

③最小特权，为用户账户和软件执行任务赋予所必需的最低权限。

④维护用户账户，创建良好的密码策略，并强制执行。最少的必要账户，删除已不使用的用户账户。

⑤配置系统备份，制订灾难恢复计划并检测备份的有效性。

⑥启用远程/集中式系统日志，发送日志到专用的日志服务器，可以防止入侵者轻易地修改本地日志。

⑦加密传输数据。

⑧配置网络访问控制。

⑨配置安全工具，以提高系统的鲁棒性。

（2）基本的系统安全操作

1）设置计算机 BIOS

为了确保服务器的物理安全，在必要的情况下设置 BIOS，禁止附加存储介质启动系统，设置 BIOS 修改口令。

2）正确选择安装类型

在安装过程中，仅安装必要的软件包，即使用最小化安装，使用如下命令查找、删除不必要的软件包。

```
# yum list installed
# yum remove PackageName
```

通常服务器无须运行 X 系统，尤其是被托管的服务器。

3）安全的磁盘布局

在安装系统时，需考虑安全、合理的磁盘布局，下面是磁盘布局的建议。

■ /目录中必须包括/etc、/lib、/bin、/sbin，即不能在此四个目录上使用独立的分区或逻辑卷。

■ 除了/、/boot 和 SWAP 之外，应该根据自己的需要尽量分离数据到不同的分区或逻辑卷。

■ 建议创建独立的/usr、/var、/tmp、/var/tmp 文件系统。

- 根据日志管理需要，可能要求创建独立的/var/log、/var/log/audit 文件系统。
- 若所有普通用户数据都存储在本机，则还应该创建独立的/home 文件系统。
- 若系统对外提供大量服务（如 Web 虚拟主机等），应该创建独立的/srv 文件系统。

4）软件包的更新

当软件的开发者发现软件的漏洞之后对其进行修复，修复后的软件包就会发布到相应的 YUM 仓库中，保持系统中软件包的更新极为重要。

手动更新命令如下：

```
# yum check-update
# yum -y update
# yum -y update-minimal
```

自动更新过程如下：
①启用 yum-cron 服务。
②安装 yum-cron：

```
# yum -y install yum-cron
```

③配置 yum-cron：

```
# vi /etc/sysconfig/yum-cron
update_cmd = security
emit_via = email
MAILTO = xxx@xxx.com
```

④启动 yum-cron：

```
# systemctl enable yum-cron.service
# systemctl start yum-cron.service
```

5）关闭不必要的服务

查看已启动的服务：

```
# systemctl list-unit-files |grep enabled |grep .service
```

使用 systemctl disable 命令关闭不必要的服务。

6）禁用重启热键

在 CentOS 中，默认情况下可以通过键盘热键 Ctrl + Alt + Delete 重启系统，为了提高安全性，禁用重启热键，禁用命令如下：

```
# systemctl mask control-alt-delete.servie
```

7）设置超时自动注销

为 BASH 设置超时自动注销，可创建/etc/profile.d/autologout.sh 文件，设置文件可执行，并添加内容如下（5 分钟后超时锁屏）：

```
# vi /etc/profile.d/autologout.sh
TMOUT=300
readonly TMOUT
export TMOUT
# chmod +x /etc/profile.d/autologout.sh
```

（3）禁止 root 账号登录

尽量减少使用 root 账号，除非绝对必要，否则不要以 root 直接登录，使用"su –"或"sudo"替换 root 的直接登录。

2. 防火墙

firewalld（Dynamic Firewall Manager of Linux Systems，Linux 系统的动态防火墙管理器）是默认的防火墙配置管理工具，它拥有基于 CLI（命令行界面）和基于 GUI（图形用户界面）的两种管理方式。

相较于传统的防火墙管理配置工具，firewalld 支持动态更新技术并加入了区域（zone）的概念。简单来说，区域就是 firewalld 预先准备了几套防火墙策略集合（策略模板），用户可以根据生产场景的不同而选择合适的策略集合，从而实现防火墙策略之间的快速切换。firewalld 中常见的区域名称（默认为 public）以及相应的策略规则见表 6-1。

表 6-1 firewalld 中常用的区域名称及策略规则

区域	默认规则策略
trusted	允许所有的数据包
home	拒绝流入的流量，除非与流出的流量相关；而如果流量与 ssh、mdns、ipp-client、amba-client 与 dhcpv6-client 服务相关，则允许流量
internal	等同于 home 区域
work	拒绝流入的流量，除非与流出的流量相关；而如果流量与 ssh、ipp-client 与 dhcpv6-client 服务相关，则允许流量
public	拒绝流入的流量，除非与流出的流量相关；而如果流量与 ssh、dhcpv6-client 服务相关，则允许流量
external	拒绝流入的流量，除非与流出的流量相关；而如果流量与 ssh 服务相关，则允许流量
dmz	拒绝流入的流量，除非与流出的流量相关；而如果流量与 ssh 服务相关，则允许流量
block	拒绝流入的流量，除非与流出的流量相关
drop	拒绝流入的流量，除非与流出的流量相关

3. 终端管理工具

firewall-cmd 是 firewalld 防火墙配置管理工具的 CLI（命令行界面）版本。它的参数一般为长格式形式，用 Tab 键自动补齐长格式参数、命令或文件名等内容。

项目6 服务器安全基础与日常维护

使用 firewalld 配置的防火墙策略默认为运行时（Runtime）模式，又称为当前生效模式，而且会随着系统的重启而失效。如果想让配置策略一直存在，就需要使用永久（Permanent）模式。方法是在使用 firewall-cmd 命令正常设置防火墙策略时添加 ‑‑permanent 参数，这样配置的防火墙策略就可以永久生效了。策略只有在系统重启之后才能自动生效。如果需配置的策略立即生效，手动执行 firewall-cmd ‑‑reload 命令即可。

(1) 查看 firewalld 服务当前所使用的区域

在配置防火墙策略前，必须查看当前生效的区域。

```
[root@www ~]# firewall-cmd --get-default-zone
public
```

(2) 把网卡默认区域修改为 external，并在系统重启后生效

```
[root@www ~]# firewall-cmd --permanent --zone=external --change-interface=ens32
The interface is under control of NetworkManager, setting zone to 'external'.
success
[root@www ~]# firewall-cmd --permanent --get-zone-of-interface=ens32
external
```

(3) 查询 SSH 和 HTTPS 协议的流量是否允许放行

在工作中可以不使用 ‑‑zone 参数指定区域名称，firewall-cmd 命令会自动依据默认区域进行查询，从而减少用户输入量。但是，如果默认区域与网卡所绑定的不一致时，就会发生冲突，因此规范写法的 zone 参数是一定要加的。

```
[root@www ~]# firewall-cmd --zone=public --query-service=ssh
yes
[root@www ~]# firewall-cmd --zone=public --query-service=https
no
```

(4) 富规则的设置

富规则也叫复规则，表示更细致、更详细的防火墙策略配置，它可以对系统服务、端口号、源地址和目标地址等诸多信息进行更有针对性的策略配置。它的优先级在所有的防火墙策略中也是最高的。例如，在 firewalld 服务中配置一条富规则，使其拒绝 192.168.100.0/24 网段的所有用户访问本机的 ssh 服务（22 端口）。

```
[root@www ~]# firewall-cmd --permanent --zone=public --add-rich-rule="rule family="ipv4" source address="192.168.100.0/24" service name="ssh" reject"
success
[root@www ~]# firewall-cmd --reload
success
```

在客户端使用 ssh 命令尝试访问 192.168.100.10 主机的 ssh 服务（22 端口）：

```
[root@client B ~]# ssh 192.168.100.10
Connecting to 192.168.100.10;22...
Could not connect to '192.168.100.10' (port 22): Connection failed.
```

4. TCP Wrapper 简介

TCP Wrapper 是 CentOS 7 系统中默认启用的一款流量监控程序，它能够根据来访主机的地址与本机的目标服务程序做出允许或拒绝的操作。Linux 系统中其实有两个层面的防火墙，其一基于 TCP/IP 协议的流量过滤工具，而 TCP Wrapper 服务则是能允许或禁止 Linux 系统提供服务的防火墙，从而在更高层面保护了 Linux 系统的安全运行。

TCP Wrapper 服务的防火墙策略由两个控制列表文件所控制，用户可以编辑允许控制列表文件来放行对服务的请求流量，也可以编辑拒绝控制列表文件来阻止对服务的请求流量。控制列表文件修改后会立即生效，系统将会先检查允许控制列表文件（/etc/hosts.allow），如果匹配到相应的允许策略，则放行流量；如果没有匹配到，则会进一步匹配拒绝控制列表文件（/etc/hosts.deny），若找到匹配项，则拒绝该流量。如果这两个文件都没有匹配到，则默认放行流量。

在配置 TCP Wrapper 服务时，需要遵循两个原则：
① 设置拒绝策略规则时，填服务名称，而非协议名称。
② 先设置拒绝策略规则，再设置允许策略规则。

例如：要求仅允许本地主机 192.168.0 网段和 test.com 域访问系统中的 telnet 和独立启动的 vsftpd 服务。

配置过程如下：

先编辑/etc/hosts.deny 拒绝所有主机访问，为此，在 /etc/hosts.deny 添加如下行：

```
in.telnetd,vsftpd: ALL
```

再编辑/etc/hosts.allow 开放允许访问的主机，为此，在 /etc/hosts.allow 添加如下行：

```
in.telnetd,vsftpd: LOCAL, 192.168.0., .test.com
```

任务 6.2　系统日常维护

【任务工单】任务工单 6-2：系统日常维护

任务名称	系统日常维护			
组别		成员		小组成绩	
学生姓名				个人成绩	
任务情境	用户需要使用相关工具和命令对系统性能进行监视，用户需要掌握备份和同步的相关原理。			

续表

任务目标	掌握系统日常维护方法。
任务要求	按本任务后面列出的具体任务内容，完成服务器日常维护工作。
知识链接	
计划决策	
任务实施	1. 监视系统性能。 2. 备份与同步。
检查	1. 监视系统性能；2. 备份与同步。
实施总结	
小组评价	
任务点评	

【前导知识】

为了更好地维护系统，管理员需要收集进程、CPU、内存、硬件等信息，然后通过这些信息判断系统情况，判断是否有系统故障。为了防止重要数据在各种情况下丢失，需要将重要数据保存到其他存储介质当中，即备份数据。

【任务内容】

1. 监视系统性能。
2. 备份与同步。

【任务实施】

1. 监视系统性能

系统性能监视常用工具如下：

1）CPU 监视工具

uptime：显示系统平均负载。

top：动态显示系统进程任务。

mpstat：输出 CPU 的各种统计信息。

2）内存监视工具

free：显示系统内存的使用。

vmstat：报告虚拟内存的统计信息。

3）磁盘 I/O 监视工具

iostat：输出 CPU、I/O 系统和磁盘的统计信息。

4）网络流量

nload：显示当前的网络流量。

2. 系统监视命令详细介绍

（1） top 命令

动态显示系统的统计信息和进程的重要信息、系统平均负载、进程状态统计、CPU 使用的统计信息、物理内存和虚拟内存的使用统计信息、进程信息等，具体如图 6－1 所示。

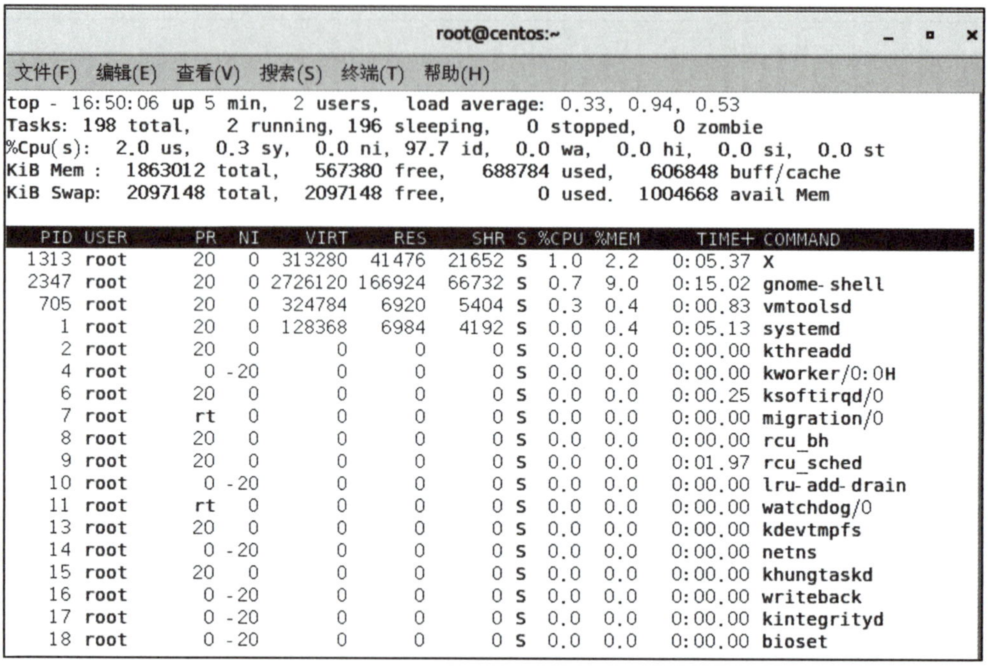

```
root@centos:~
文件(F)  编辑(E)  查看(V)  搜索(S)  终端(T)  帮助(H)
top - 16:50:06 up 5 min,  2 users,  load average: 0.33, 0.94, 0.53
Tasks: 198 total,   2 running, 196 sleeping,   0 stopped,   0 zombie
%Cpu(s):  2.0 us,  0.3 sy,  0.0 ni, 97.7 id,  0.0 wa,  0.0 hi,  0.0 si,  0.0 st
KiB Mem :  1863012 total,   567380 free,   688784 used,   606848 buff/cache
KiB Swap:  2097148 total,  2097148 free,        0 used.  1004668 avail Mem

  PID USER      PR  NI    VIRT    RES    SHR S %CPU %MEM     TIME+ COMMAND
 1313 root      20   0  313280  41476  21652 S  1.0  2.2   0:05.37 X
 2347 root      20   0 2726120 166924  66732 S  0.7  9.0   0:15.02 gnome-shell
  705 root      20   0  324784   6920   5404 S  0.3  0.4   0:00.83 vmtoolsd
    1 root      20   0  128368   6984   4192 S  0.0  0.4   0:05.13 systemd
    2 root      20   0       0      0      0 S  0.0  0.0   0:00.00 kthreadd
    4 root       0 -20       0      0      0 S  0.0  0.0   0:00.00 kworker/0:0H
    6 root      20   0       0      0      0 S  0.0  0.0   0:00.25 ksoftirqd/0
    7 root      rt   0       0      0      0 S  0.0  0.0   0:00.00 migration/0
    8 root      20   0       0      0      0 S  0.0  0.0   0:00.00 rcu_bh
    9 root      20   0       0      0      0 S  0.0  0.0   0:01.97 rcu_sched
   10 root       0 -20       0      0      0 S  0.0  0.0   0:00.00 lru-add-drain
   11 root      rt   0       0      0      0 S  0.0  0.0   0:00.00 watchdog/0
   13 root      20   0       0      0      0 S  0.0  0.0   0:00.00 kdevtmpfs
   14 root       0 -20       0      0      0 S  0.0  0.0   0:00.00 netns
   15 root      20   0       0      0      0 S  0.0  0.0   0:00.00 khungtaskd
   16 root       0 -20       0      0      0 S  0.0  0.0   0:00.00 writeback
   17 root       0 -20       0      0      0 S  0.0  0.0   0:00.00 kintegrityd
   18 root       0 -20       0      0      0 S  0.0  0.0   0:00.00 bioset
```

图 6－1　top 命令

top 的交互命令如下：

<Space> 或 <Enter>：立即刷新显示。

? 或 h：显示帮助信息屏幕。

G［1234］：可以使用 G1～G4 切换 top 提供的四种字段方案的显示窗口。

B：加粗加亮显示的乒乓切换开关。

u：显示指定用户的进程（仅匹配 EUID）。

U：显示指定用户的进程（匹配 RUID、EUID、SUID 和 UID）。

k：杀死指定的进程（发送进程信号）。

r：重新设置一个进程的优先级别。

d 或 s：改变两次刷新显示之间的时间间隔，单位为秒。

W：将当前的 top 设置写入 ~/. toprc 文件中。

q：退出 top。

（2） mpstat 命令

功能：输出每一个 CPU 的运行状况，为多处理器系统中的 CPU 利用率提供统计信息。

格式：

```
mpstat [ -P { cpu-id | ALL } ] [ interval [ count ] ]
```

其中参数：

-P {cpu-id| ALL}：用 CPU-ID 指定 CPU，CPU-ID 从 0 开始。

interval：取样时间间隔。

count：输出次数。

例如，执行命令[root@ centos ~]# mpstat 5 2，结果如图 6-2 所示。

```
root@centos:~
文件(F)  编辑(E)  查看(V)  搜索(S)  终端(T)  帮助(H)
[root@centos ~]# mpstat 5 2
Linux 3.10.0-1127.el7.x86_64 (centos)    2022年02月01日    _x86_64_        (1 CPU)

16时55分03秒  CPU    %usr   %nice    %sys %iowait    %irq   %soft  %steal  %guest  %gni
ce   %idle
16时55分08秒  all   10.57    0.00    3.25    0.00    0.00    0.20    0.00    0.00    0.
00   85.98
16时55分13秒  all    3.85    0.00    2.03    0.00    0.00    0.00    0.00    0.00    0.
00   94.12
平均时间:  all    7.21    0.00    2.64    0.00    0.00    0.10    0.00    0.00    0.00
  90.05
```

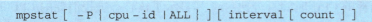

图 6-2　mpstat 5 2 执行情况

（3）vmstat 命令

功能：显示进程队列、内存、交换空间、磁盘 I/O 和 CPU 状态信息。

格式：

```
vmstat [ -a] [ -n] [ -S k|K|m|M] [interval [ count ]]
```

其中：

-a：显示活跃和非活跃内存。

-n：只在开始时显示一次各字段名称。

-S：使用指定单位显示。k（1 000）、K（1 024）、m（1 000 000）、M（1 048 576）字节，默认单位为 K。

interval 和 count 的含义与 mpstat 的一致。

例如，执行命令［root@centos ~］# vmstat 5 2，结果如图 6-3 所示。

```
[root@centos ~]# vmstat 5 2
procs -----------memory---------- ---swap-- -----io---- -system-- ------cpu-----
 r  b   swpd   free   buff  cache   si   so    bi    bo   in   cs us sy id wa st
 3  0      0 536008   1116 606892    0    0   575    36  249  452  9  7 85  0  0
 0  0      0 535860   1116 606892    0    0     0     4  272  442  8  5 86  0  0
```

图 6-3　vmstat 5 2 执行情况

其中，r 列表示运行和等待 CPU 时间片的进程数，这个值若长期大于系统 CPU 的个数，则说明 CPU 资源不足。

b 列表示正在等待资源的进程数，比如正在等待 I/O 或者内存交换等。

us 列显示了用户态进程消耗的 CPU 时间百分比；sy 列显示了核心态进程消耗的 CPU 时间百分比。us 的值比较高时，说明用户进程消耗的 CPU 时间多；sy 值较高时，说明内核消耗的 CPU 资源很多。一般地，us + sy 的参考值为 80%，若 us + sy > 80%，说明可能存在 CPU 资源不足。

swpd 列表示切换到内存交换区的内存数量（以 k 为单位）。若 swpd 的值不为 0，或者比较大，只要 si、so 的值长期为 0，这种情况下一般不用担心，不会影响系统性能。

free 列表示当前空闲的物理内存数量（以 k 为单位）。

buff 列表示 buffers cache 的内存数量，一般对块设备的读写才需要缓冲。

cache 列表示 page cached 的内存数量，一般作为文件系统缓存，频繁访问的文件都会被缓存。若缓存值较大，说明缓存的文件数较多，如果此时 I/O 中 bi 比较小，说明文件系统效率比较好。

si 列表示由磁盘调入内存，也就是内存进入内存交换区的数量。

so 列表示由内存调入磁盘，也就是内存交换区进入内存的数量。

一般情况下，si、so 的值都为 0，如果 si、so 的值长期不为 0，则表示系统内存不足。

（4）iostat 命令

功能：输出 CPU 和磁盘 I/O 相关的统计信息。

格式：

```
iostat [ -c|-d ] [ -x ] [ -k|-m ] [ device |ALL ] [ interval [ count ] ]
```

其中：

-c：仅显示 CPU 统计信息。与 -d 选项互斥。

-d：仅显示磁盘统计信息。与 -c 选项互斥。

-k：以 kB 为单位显示每秒的磁盘请求数。默认单位为块。

-m：以 MB 为单位显示每秒的磁盘请求数。默认单位为块。

-x：输出扩展信息。

device：用于指定磁盘设备。

interval 和 count 的含义与 mpstat 的一致。

例如，执行命令 [root@centos ~] # iostat -d sda sda3 5 2，结果如图 6-4 所示。

```
[root@centos ~]# iostat -d sda sda3 5 2
Linux 3.10.0-1127.el7.x86_64 (centos)    2022年02月01日    _x86_64_    (1 CPU)

Device:            tps    kB_read/s    kB_wrtn/s    kB_read    kB_wrtn
sda               7.50       327.16        20.76     589056      37377

Device:            tps    kB_read/s    kB_wrtn/s    kB_read    kB_wrtn
sda               0.20         1.62         0.00          8          0
```

图 6-4　iostat -d sda sda3 5 2 执行情况

3. 备份与同步

（1）备份简介

备份就是把一个文件系统或其部分文件存储到另外的存储介质中，以使通过这些介质中的记录信息可以恢复原有的文件系统或其中的某些文件。

（2）备份介质

备份介质包括磁带、硬盘、光盘、软盘。选择备份介质时，应该对存储容量、可靠性、速度和介质价格进行权衡。

（3）备份应考虑的因素

①选择备份介质。

②选择备份策略。

③选择要备份的数据。

④选择合适的备份工具。

⑤选择是否进行远程备份或网络备份。

⑥备份的自动化（备份周期和备份文件的存放周期）。

（4）备份分类

①系统备份，实现对操作系统和应用程序的备份。只需要备份不稳定部分即可，系统数据并不经常发生改变，只有当系统内容发生变化时才进行备份。

②用户备份，实现对用户文件的备份，用户的数据变动更加频繁，需要为用户提供一个合理的最近的数据文件的备份，用户备份通常采用增量备份和（或）差分备份策略进行。

（5）备份注意事项

①确保备份质量，管理员必须经常验证所做的备份。一个没有验证的备份甚至比没有备份更糟。

②确保介质安全，保持至少一个备份远离源机器。这是为了防止源机器所在地发生灾难，如火灾等。

③行业最佳经验，提高备份的可靠性，建议将数据备份到多个介质并备份到分开的不同地理位置，避免依赖于任何一个单独的存储媒体或物理位置。

（6）备份、同步与快照

①备份，在备份时保留历史的备份归档，是为了在系统出现错误后能恢复到从前正确的状态。

②同步，若无须从历史备份恢复到正确状态，而只备份系统最新的状态，此时通常称为同步或镜像。

③快照，对有变化的文件进行复制；对无变化的文件创建硬链接，以减少磁盘占用。

（7）同步

rsync（remote synchronize）是一个远程数据同步工具，可通过 LAN/WAN 同步不同主机上的文件或目录，可以同步本地硬盘中的不同文件或目录。

rsync 使用 rsync 算法进行数据同步，同步若干新文件时，只复制有变化的文件；同步原有文件时，只复制文件的变化部分。rsync 目前由 http://rsync.samba.org 维护。

rsync 命令：

1）同步本地文件或目录

```
rsync [OPTION...] SRC... [DEST]
```

2)将远程文件或目录同步到本地

```
rsync [OPTION...] [USER@]HOST:SRC... [DEST]
```

3)将本地文件或目录同步到远程

```
rsync [OPTION...] SRC... [USER@]HOST:DEST
```

rsync 命令应用举例:

①将整个/home 目录及其子目录同步到/backup:

```
# rsync -a --delete /home /backup
```

②将本地文件/etc/hosts 同步到远程服务器 CentOS 7:

```
# rsync /etc/hosts centos7:/etc/hosts
```

③将远程文件/etc/hosts 同步到本地:

```
# rsync centos6:/etc/hosts /etc/hosts
```

④从匿名 rsync 服务器同步 CentOS 的 YUM 仓库到本地/var/ftp/yum/distr/centos/目录,不同步 SRPMS、x86_64 和 isos 目录。

```
# rsync -aqzH --delete --delay-updates \ --exclude=SRPMS/ --exclude=x86_64/ \ --exclude=isos/ \rsync://mirror.centos.net.cn/centos/7.8 \/var/ftp/yum/distr/centos/
```

【知识考核】

简答题:

(1) 如何在 firewalld 中把默认的区域设置为 dmz?
(2) 什么是防火墙?防火墙的种类及各自的特点如何?
(3) 常用的系统监视工具有哪些?如何判断系统性能的优劣?

项目 7

Shell脚本编程

【项目导读】

　　Shell 既是一种命令语言，又是一种程序设计语言（即 Shell 脚本）。作为一种基于命令的语言，Shell 交互式地解释和执行用户输入的命令；作为程序设计语言，Shell 中可以定义各种变量，传递参数，并提供许多高级语言所具有的流程控制结构。它虽然不是 Linux 系统内核的一部分，但它调用了系统内核的大部分功能来执行程序、创建文档，并以并行的方式协调各个程序的运行。

　　综上所述，本项目要完成的任务有：编写脚本、编写流程控制语句程序。

【项目目标】

- 编写简单脚本；
- 接收用户的参数；
- 判断用户的参数；
- if 条件测试语句；
- for 条件循环语句；
- while 条件循环语句；
- case 条件测试语句。

【项目地图】

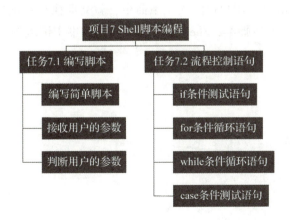

任务 7.1 编写脚本

【任务工单】任务工单 7-1：编写脚本

任务名称	编写脚本			
组别		成员	小组成绩	
学生姓名			个人成绩	
任务情境	用户需要使用 Shell 这个工具来编写基本的脚本和进行相关的配置工作。			
任务目标	掌握脚本的编写和配置方法。			
任务要求	按本任务后面列出的具体任务内容，完成脚本的编写工作。			
知识链接				
计划决策				
任务实施	1. 编写简单脚本。 2. 接收用户的参数。 3. 判断用户的参数。			
检查	1. 编写脚本；2. 接收用户的参数；3. 判断用户的参数。			
实施总结				
小组评价				
任务点评				

【前导知识】

Shell 脚本是一种计算机程序，旨在由命令行解释器运行。Shell 脚本命令的工作方式有两种：交互式（Interactive），用户每输入一条命令，就立即执行；批处理（Batch），由用户事先编写好一个完整的 Shell 脚本，Shell 会一次性执行脚本中诸多的命令。

【任务内容】

1. 编写简单脚本。
2. 接收用户的参数。
3. 判断用户的参数。

【任务实施】

1. 编写简单脚本

使用 vim 编辑器把 Linux 命令按照顺序依次写入一个文件中，就是一个简单的脚本了。

例如,查看当前工作目录并列出当前目录下所有的文件及属性信息,实现脚本如下:

```
[root@centos ~]# vim test.sh
#! /bin/bash
pwd
ls -l
```

Shell 脚本文件的名称可以任意,但为了避免被误以为是普通文件,加上 .sh 后缀,表明是脚本文件。

test.sh 脚本中,第一行的脚本声明(#!)用来声明使用/bin/bash 解释器来执行该脚本;第二、三行是可执行的 Linux 命令。执行 test.sh 脚本的结果如下:

```
[root@centos ~]# bash test.sh
/root
总用量 16
-rw-------. 1 root root 1699 1月  21 2022 anaconda-ks.cfg
-rw-r--r--. 1 root root   24 9月  20 10:13 test.sh
prw-r--r--. 1 root root    0 9月  14 18:03 fifo.pipe
-rw-r--r--. 1 root root 1747 1月  21 2022 initial-setup-ks.cfg
-rw-r--r--. 1 root root   19 1月  24 2022 test.txt
…………省略部分输出信息…………
```

除了用 bash 解释器命令直接运行 Shell 脚本文件外,第二种运行脚本程序的方法是通过输入完整路径的方式来执行。但默认会因为权限不足而提示报错信息,此时只需要为脚本文件增加执行权限即可。

```
[root@centos ~]# ./test.sh
-bash: ./test.sh: 权限不够
[root@centos ~]# chmod u+x test.sh
[root@centos ~]# ./test.sh
/root
总用量 16
-rw-------. 1 root root 1699 1月  21 2022 anaconda-ks.cfg
prw-r--r--. 1 root root    0 9月  14 18:03 fifo.pipe
-rw-r--r--. 1 root root 1747 1月  21 2022 initial-setup-ks.cfg
-rwxr--r--. 1 root root   24 9月  20 10:21 test.sh
-rw-r--r--. 1 root root   19 1月  24 2022 test.txt
…………省略部分输出信息…………
```

第三种运行脚本程序的方法是使用 source 执行文件。执行 test.sh 脚本的结果如下:

```
[root@centos ~]# source test.sh
/root
总用量 16
```

```
-rw-------.  1  root   root   1699  1月  21  2022 anaconda-ks.cfg
prw-r--r--.  1  root   root      0  9月  14  18:03 fifo.pipe
-rw-r--r--.  1  root   root   1747  1月  21  2022 initial-setup-ks.cfg
-rwxr--r--.  1  root   root     24  9月  20  10:21 test.sh
-rw-r--r--.  1  root   root     19  1月  24  2022 test.txt
…………省略部分输出信息…………
```

2. 接收用户的参数

上面的脚本程序只能执行一些预先定义好的功能,为了让 Shell 脚本程序更好地满足用户的一些实时需求,以便灵活完成工作,必须要让脚本程序能够接收用户输入的参数。

例如,当用户执行某一个命令时,加或不加参数的输出结果是不同的:

```
[root@centos home]# ls
linux workdir
[root@centos home]# ls -l
总用量 4
drwx------.  15  linux  linux  4096  1月  21  2022 linux
drwxr-xr-x.   2  root   root      6  9月  15  19:45 workdir
[root@centos home]# ls -al
总用量 4
drwxr-xr-x.   4  root   root     34  9月  15  19:45 .
dr-xr-xr-x.  17  root   root    224  1月  21  2022 ..
drwx------.  15  linux  linux  4096  1月  21  2022 linux
drwxr-xr-x.   2  root   root      6  9月  15  19:45 workdir
```

命令不仅要能接收用户输入的内容,还要有能力判断区别,根据不同的输入调用不同的功能。

Linux 系统中的 Shell 脚本语言已经内设了用于接收参数的变量,变量之间使用空格间隔。

$0:对应的是当前 Shell 脚本程序的名称;

$#:对应的是总共有几个参数;

$*:对应的是所有位置的参数值;

$?:对应的是显示上一次命令的执行返回值;

$1、$2、$3、…则分别对应着第 1、2、3、…个位置的参数值,如图 7-1 所示。

[root@centos ~]# bash shtest.sh 1 2 3 $3:第3个位置参数

图 7-1 Shell 脚本程序中的参数位置变量

例如,编写一个脚本程序,通过引用上面的变量参数来验证效果:

```
[root@centos ~]# vim shtest.sh
#! /bin/bash
echo "当前脚本名称为 $0"
echo "总共有 $#个参数,分别是 $*。"
```

```
echo "第一个参数为$1,第三个为$3。"
[root@centos ~]# bash shtest.sh 1 2 3
当前脚本名称为shtest.sh
总共有3个参数,分别是1 2 3。
第一个参数为1,第三个为3。
```

3. 判断用户的参数

系统在执行cat命令时,会判断用户输入的信息,即判断用户指定的文件是否已经存在,如果存在,则提示报错;反之,则查看文件内容。Shell脚本中的条件测试语法可以判断表达式是否成立,若条件成立,则返回数字0,否则便返回非零值。条件测试语法的执行格式如图7-2所示。切记,条件表达式两边均应有一个空格。

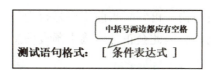

图7-2 条件测试语句的执行格式

按照测试对象来划分,条件测试语句可以分为4种:文件测试语句、逻辑测试语句、整数值比较语句、字符串比较语句。

①文件测试语句即使用指定条件来判断文件是否存在或权限是否满足等。下面使用文件测试语句来判断/etc/hosts是否为一个目录类型的文件,然后通过Shell解释器的内设$?变量显示上一条命令执行后的返回值。如果返回值为0,则目录存在;如果返回值为非零的值,则不是目录,或目录不存在。

```
[root@centos ~]# [ -d /etc/hosts ]
[root@centos ~]# echo $?
1
```

再使用文件测试语句来判断/etc/hosts是否为一般文件,如果返回值为0,则代表文件存在,并且为一般文件。

```
[root@centos ~]# [ -f /etc/hosts ]
[root@centos ~]# echo $?
0
```

②逻辑测试语句用于对测试结果进行逻辑分析,根据测试结果可实现不同的效果。例如,在Shell终端中,逻辑"与"的运算符号是&&,它表示当前面的命令执行成功后才会执行它后面的命令,因此可以用来判断/dev/cdrom文件是否存在,若存在,则输出exist字样。

```
[root@centos ~]# [ -e /dev/cdrom ] && echo "exist"
exist
```

除了逻辑"与"外,还有逻辑"或",它在Linux系统中的运算符号为||,表示当前面的命令执行失败后才会执行它后面的命令,因此可以用来结合系统环境变量USER来判断当

前登录的用户是否为非管理员身份。

```
[root@centos ~]# echo $USER
root
[root@centos ~]# [ $USER = root ] || echo "user"
[root@centos ~]# su - linux
[linuxp@centos ~]$ [ $USER = root ] || echo "user"
user
```

逻辑"非"在 Linux 系统中的运算符号是一个叹号（!），它表示把条件测试中的判断结果取相反值。即原本测试的结果是正确的，则将其变成错误的；原本测试错误的结果，则将其变成正确的。

现在切换回到 root 管理员身份，再判断当前用户是否为一个非管理员的用户。由于判断结果因为两次否定而变成正确的，因此会正常地输出预设信息。

```
[linux@centos ~]$ exit
logout
[root@centos ~]# [ ! $USER = root ] || echo "admin"
admin
```

叹号应该放到判断语句的前面，代表对整个的测试语句进行取反值操作，而不应该写成"$USER != root"，因为"!="代表的是不等于符号（≠），尽管执行效果一样，但缺少了逻辑关系，这一点还请多加注意。

当前正在登录的即为管理员用户 root。下面这个示例的执行顺序是：先判断当前登录用户的 USER 变量名称是否等于 root，然后用逻辑"非"运算符进行取反操作，效果就变成了判断当前登录的用户是否为非管理员用户。最后若条件成立，则会根据逻辑"与"运算符输出 user 字样；若条件不满足，则会通过逻辑"或"运算符输出 root 字样，而只有在前面的 && 不成立时，才会执行后面的 || 符号。

```
[root@centos ~]# [ ! $USER = root ] && echo "user" || echo "root"
root
```

③整数值比较语句仅对数字进行操作，不能将数字与字符串、文件等内容一起操作，而且不能想当然地使用日常生活中的等号、大于号、小于号等来判断。因为等号与赋值命令符冲突，大于号和小于号分别与输出重定向命令符及输入重定向命令符冲突。因此，一定要使用规范的整数比较运算符来进行操作。

例如，测试一下 10 是否大于 10 以及 10 是否等于 10。

```
[root@centos ~]# [ 10 -gt 10 ]
[root@centos ~]# echo $?
1
```

```
[root@centos ~]# [ 10 -eq 10 ]
[root@centos ~]# echo $?
0
```

free 命令能够用来获取当前系统正在使用及可用的内存量信息。接下来先使用 free -m 命令查看内存使用量情况（单位为 MB），然后通过 "grep Mem:" 命令过滤出剩余内存量的行，再用 awk '{print $4}' 命令只保留第 4 列。

```
[root@centos ~]# free -m
              total    used    free   shared  buff/cache  available
Mem:           1966    1374     128       16         463        397
Swap:          2047      66    1981
[root@centos ~]# free -m | grep Mem:
Mem:           1966    1374     128       16         463        397
[root@centos ~]# free -m | grep Mem: | awk '{print $4}'
128
```

如果想把这个命令写入 Shell 脚本中，那么建议把输出结果赋给一个变量，以方便其他命令进行调用。

```
[root@centos ~]# FreeMem=`free -m | grep Mem: | awk '{print $4}'`
[root@centos ~]# echo $FreeMem
128
```

使用整数运算符来判断内存可用量的值是否小于 1 024，若小于，则会提示 "内存不足"。

```
[root@centos ~]# [ $FreeMem -lt 1024 ] && echo "内存不足"
内存不足
```

④字符串比较语句用于判断测试字符串是否为空值，或两个字符串是否相同。它经常用来判断某个变量是否未被定义。接下来通过判断 string 变量是否为空值，进而判断是否定义了这个变量。

```
[root@centos ~]# [ -z $string ]
[root@centos ~]# echo $?
0
```

引入逻辑运算符来试一下。当用于保存当前语系的环境变量值 LANG 不是英语 en.US 时，则会满足逻辑测试条件并输出 "Not en.US" 的字样。

```
[root@centos ~]# echo $LANG
en_US.UTF-8
```

```
[root@centos ~]#[ ! $LANG = "en.US" ] && echo "Not en.US"
Not en.US
```

任务 7.2 流程控制语句

【任务工单】任务工单 7-2：流程控制语句

任务名称	流程控制语句			
组别		成员	小组成绩	
学生姓名			个人成绩	
任务情境	用户需要使用 Shell 这个工具，在编写脚本的基础之上，能进行 if、for、while、case 这 4 种流程控制语句的基本编写工作。			
任务目标	掌握脚本控制语句的编写方法。			
任务要求	按本任务后面列出的具体任务内容，完成脚本控制语句的编写工作。			
知识链接				
计划决策				
任务实施	1. if 条件测试语句的编写。 2. for 条件循环语句的编写。 3. while 条件循环语句的编写。 4. case 条件测试语句的编写。			
检查	1. if 条件测试语句；2. for 条件循环语句；3. while 条件循环语句；4. case 条件测试语句。			
实施总结				
小组评价				
任务点评				

【前导知识】

虽然通过使用 Linux 命令、管道符、重定向以及条件测试语句可以编写基本的 Shell 脚本，但是这种脚本不能满足实际工作需求来调整具体的执行命令，不能自动循环执行。下面来学习 if、for、while、case 这 4 种流程控制语句，编写难度更大、功能更强的 Shell 脚本。

【任务内容】

1. if 条件测试语句。
2. for 条件循环语句。
3. while 条件循环语句。
4. case 条件测试语句。

【任务实施】

1. if 条件测试语句

if 条件测试语句可以让脚本根据不同条件执行对应的命令。if 语句分为单分支结构、双分支结构、多分支结构。

①单分支 if 条件语句由 if、then、fi 关键词组成，而且只在条件成立后才执行 then 后面的命令。单分支的 if 语句语法格式如图 7-3 所示。

> if 条件测试操作
> then 命令
> fi

图 7-3　单分支 if 条件语句

下面使用单分支的 if 条件语句来判断/mnt/cd 目录是否存在，若不存在，就创建这个目录；反之，则结束条件判断和整个 Shell 脚本的执行。

```
[root@centos ~]# vim mkcd.sh
#! /bin/bash
DIR = "/mnt/cd"
if [ ! -e $DIR ]
then
        mkdir -p $DIR
fi
```

在正常情况下，顺利执行完脚本文件后没有任何输出信息，但是可以使用 ls 命令验证/mnt/cd 目录是否已经成功创建。

```
[root@centos ~]# bash mkcd.sh
[root@centos ~]# ls -ld /mnt/cd
```

②双分支 if 条件语句由 if、then、else、fi 关键词组成，它进行一次条件匹配判断，如果与条件匹配，则执行相应的预设命令；反之，则执行不匹配时的预设命令。if 条件语句的双分支结构语法格式如图 7-4 所示。

下面使用双分支的 if 条件语句来验证某台主机是否在线，然后根据返回值的结果，要么显示主机在线信息，要么显示主机不在线信息。这里的脚本主要使用 ping 命令来测试与对方主机的网络连通性。为了避免用户等待时间过长，需要通过 -c 参数来规定尝试的次数，并使用 -i 参数

> if 条件测试操作
> then 命令序列 1
> else 命令序列 2
> fi

图 7-4　双分支 if 条件语句

定义每个数据包的发送间隔，以及使用 -W 参数定义等待超时时间。& 为后台执行符，/dev/null 用于丢弃不需要的数据输出。

```
[root@centos ~]# vim chk.sh
#! /bin/bash
ping -c 4 -i 0.3 -W 4 $1 &> /dev/null
if [ $? -eq 0 ]
then
        echo "Host $1 is 在线。"
else
        echo "Host $1 is 离线。"
fi
```

$? 变量的作用是显示上一次命令的执行返回值。若前面的那条语句成功执行，则 $? 变量值为 0；反之，为非零的数字。因此，可以使用整数比较运算符来判断 $? 变量是否为 0，从而最终判断主机情况。测试主机 IP 地址为 192.168.100.10，验证脚本的效果如下：

```
[root@centos ~]# bash chk.sh 192.168.100.10
Host 192.168.100.10 is 在线。
[root@centos ~]# bash chk.sh 192.168.100.10
Host 192.168.100.10 is 离线。
```

③多分支 if 条件语句由 if、then、else、elif、fi 关键词组成，它进行多次条件匹配判断，多次判断中的任何一项在匹配成功后，都会执行相应的预设命令。if 条件语句的多分支结构语法格式如图 7-5 所示。

下面使用多分支的 if 条件语句来判断学生分数等级，如优秀、及格、不及格等。在 Linux 系统中，read 是用来读取用户输入信息的命令，能够把接收到的用户输入信息赋给后面的指定变量，-p 参数用于向用户显示一些提示信息。

当用户输入的分数大于等于 80 分且小于等于 100 分时，则显示"优秀"；若分数不满足该条件，则继续判断分数是否大于等于 60 分且小于 80 分，如果是，则显示"及格"；若两次判断操作都不符合，则输出"不及格"。

```
if 条件测试操作 1
    then 命令序列 1
elif 条件测试操作 1
    then 命令序列 2
else
    命令序列 3
fi
```

图 7-5　多分支 if 条件语句

```
[root@centos ~]# vim rank.sh
#! /bin/bash
read -p "Enter your score(0-100):" GRADE
if [ $GRADE -ge 80 ] && [ $GRADE -le 100 ]
then
echo "$GRADE is 优秀"
elif [ $GRADE -ge 60 ] && [ $GRADE -lt 80 ]
```

```
then
        echo "$GRADE is 优秀"
else
        echo "$GRADE is 不及格"
fi
[root@centos ~]# bash rank.sh
Enter your score(0-100):92
92 is 优秀
[root@centos ~]# bash rank.sh
Enter your score(0-100):67
67 is 及格
```

2. for 条件循环语句

当变量值在列表里，for 循环即执行一次所有命令，使用变量名获取列表中的当前取值。命令可为任何有效的 shell 命令和语句。in 列表可以包含替换、字符串和文件名。in 列表是可选的，如果不用它，for 循环使用命令行的位置参数。for 循环语句的语法格式如图 7-6 所示。

> **for** 变量名 **in** 取值列表
> **do**
>   命令序列
> **done**

图 7-6 for 条件循环语句

例如，使用 for 循环语句求从 1 加到 100 的和。

```
[root@centos ~]# vim sum.sh
#!/bin/bash
declare -i sum=0
for ((i=1;i<=100;i++))
do
 let sum+=$i
done
echo "sum=$sum"
[root@centos ~]# bash sum.sh
sum=5050
```

在学习双分支 if 条件语句时，编写了测试主机是否在线的脚本。现在改为使用 for 循环语句从文本中自动读取主机 IP 列表，并自动逐个测试这些主机是否在线。

首先创建一个 IP 列表文件 iplist.txt：

```
[root@centos ~]# iplist.txt
192.168.100.10
192.168.100.11
192.168.100.12
```

然后将前面的双分支 if 条件语句与 for 循环语句相结合，让脚本从主机列表文件 ipaddrs.txt 中自动读取 IP 地址并将其赋值给 IPLIST 变量，从而通过判断 ping 命令执行后的返回值来逐个测试主机是否在线。脚本中出现的"$(命令)"是一种完全类似于转义字符中反反引号`命令`的 Shell 操作符，执行括号或双引号括起来的字符串中的命令。

```
[root@centos ~]# vim chkip.sh
#!/bin/bash
IPLIST=$(cat ~/iplist.txt)
for IP in $IPLIST
do
    ping -c 4 -i 0.3 -W 4 $IP &> /dev/null
    if [ $? -eq 0 ]
    then
        echo "Host $IP is 在线。"
    else
        echo "Host $IP is 离线。"
    fi
done
[root@centos ~]# source chkip.sh
Host 192.168.100.10 is 在线。
Host 192.168.100..11 is 离线。
Host 192.168.100..12 is 离线。
```

3. while 条件循环语句

while 条件循环语句是根据某些条件来重复执行命令的语句，它的循环结构往往在执行前并不确定执行的次数。while 循环语句通过判断条件测试的真假来决定是否继续执行命令，若条件为真，就继续执行，为假就结束循环。while 语句的语法格式如图 7-7 所示。

下面结合多分支的 if 条件测试语句与 while 条件循环语句，编写一个用来猜测数值大小的脚本 guess.sh。该脚本使用 $RANDOM 变量来调取出随机的数值，为 0~32 767，然后将这个随机数对 100 进行取余操作%，并使用 expr 命令取得其结果，再用这个数值与用户通过 read 命令输入的数值进行比较判断。这个判断语句分为 3 种情况，分别是判断用户输入的数值是等于、大于还是小于使用 expr 命令取得的数值。如果 while 条件循环语句中的条件测试结果为 true，判断语句一直执行下去，直到用户输入的数值等于 expr 命令取得的数值后，才运行 exit 0 命令，终止脚本的执行。

```
while 条件测试操作
do
    命令序列
done
```

图 7-7 while 条件循环语句

```
[root@centos ~]# vim guess.sh
#!/bin/bash
PRICE=$(expr $RANDOM % 100)
TIMES=0
echo "数值范围为 0-99,请猜猜是多少?"
while true
do
        read -p "请输入您猜测的数值:" INT
        let TIMES++
```

```
            if [ $INT -eq $PRICE ] ; then
                    echo "恭喜您猜对了是 $PRICE。"
                    echo "您一共猜测 $TIMES 次。"
                    exit 0
            elif [ $INT -gt $PRICE ] ; then
                    echo "大了!"
            else
                    echo "小了!"
            fi
    done
```

guess.sh 脚本中添加了一些交互式的信息，从而使得用户与系统的互动性得以增强。而且每当循环到 let TIMES++命令时，都会让 TIMES 变量内的数值加 1，用来统计循环执行次数。

```
[root@centos ~]# bash Guess.sh
数值范围为 0-99,请猜猜是多少？
请输入您猜测的数值:50
大了!
请输入您猜测的数值:25
大了!
请输入您猜测的数值:12
小了!
请输入您猜测的数值:20
小了!
请输入您猜测的数值:23
大了!
请输入您猜测的数值:22
大了!
请输入您猜测的数值:21
恭喜您猜对了是 21。
您一共猜测 7 次。
```

当条件为 true 的时候，while 语句会一直循环下去，只有遇到 exit 0 才会结束。一定要记得加上 exit 退出循环，否则脚本将会陷入死循环。

4. case 条件测试语句

case 条件测试语句是在多个范围内匹配数据，若匹配成功，则执行相关命令并结束整个条件测试；如果数据不在所列出的范围内，则会去执行星号（*）中所定义的默认命令。case 语句的语法结构如图 7-8 所示。

例如，使用 case 条件测试语句编写脚本 chkinput.sh 来判断用户输入的值是字母、数字还是其他字符。

```
case 变量值 in
模式 1)
    命令序列 1
    ;;
模式 2)
    命令序列 2
    ;;
......
*)
    默认命令序列
esac
```

图 7-8 case 条件测试语句

```
[root@centos ~]# vim chkinput.sh
#! /bin/bash
read -p "请输入一个字符,并按 Enter 键确认:" KEY
case "$KEY" in
        [a-z]|[A-Z])
                    echo "您输入的是字母。"
                    ;;
        [0-9])
                    echo "您输入的是数字。"
                    ;;
        *)
                    echo "您输入的是空格、功能键或其他控制字符。"
esac
[root@centos ~]# bash chkinput.sh
请输入一个字符,并按 Enter 键确认:9
您输入的是数字。

[root@centos ~]# chkinput.sh
请输入一个字符,并按 Enter 键确认:o
您输入的是字母。

[root@centos ~]#chkinput.sh
请输入一个字符,并按 Enter 键确认:@
您输入的是空格、功能键或其他控制字符。
```

【知识考核】

编程题：

(1) 请使用 for 循环语句计算出 1～100 中所有偶数的和。

(2) 猜数字游戏，编写脚本生成一个 100 以内的随机数，提示用户猜数字，根据用户的输入，提示用户猜对了、猜小了或猜大了，直至用户猜对脚本结束。

(3) 编写脚本提示用户输入用户名和密码，脚本自动创建相应的账户及配置密码。如果用户不输入账户名，则提示必须输入账户名并退出脚本；如果用户不输入密码，则统一使用默认的 123456 作为默认密码。

(4) 检测本机当前用户是否为超级管理员，如果是管理员，则使用 YUM 安装 vsftpd，如果不是，则提示您非管理员。

(5) 编写脚本测试 192.168.4.0/24 整个网段中哪些主机处于开机状态，哪些主机处于关机状态。

项目 8

配置与管理Samba服务

【项目导读】

Samba 是一组软件包，使 Linux 支持 SMB/CIFS 协议，可以在几乎所有的类 UNIX 平台上运行。最初于 1991 年由澳大利亚人 Andrew Tridgell 研发，基于 GPL 发行，如今由 Samba 小组（http://www.samba.org）维护，更新速度很快，当前的最新版本是 4.16.2 版。

Samba 提供了 4 种主要服务：文件和打印机共享、用户验证和授权、名字解析、浏览服务。前两项服务由 smbd 守护进程提供，后两项服务由 nmbd 守护进程提供。

综上所述，本项目要完成的任务有：安装和启动 Samba 服务器、Samba 服务、在 Linux 环境下访问 Samba 共享。

【项目目标】

- ➢ 熟悉 SMB/CIFS 协议；
- ➢ 了解 Samba 的功能；
- ➢ 熟悉 Samba 的工具使用；
- ➢ 学会安装和启动 Samba 服务；
- ➢ 掌握 Samba 文件共享的配置；
- ➢ 学会在 Linux 环境下访问 Samba 共享。

【项目地图】

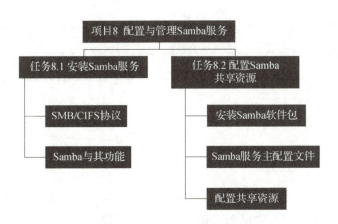

任务 8.1 安装 Samba 服务

【任务工单】任务工单 8-1：安装 Samba 服务

任务名称			安装 Samba 服务		
组别		成员		小组成绩	
学生姓名				个人成绩	
任务情境	用户需要使用 Samba 服务实现共享文件、打印机等资源，现请你以系统管理员身份帮助用户完成 Samba 服务的安装工作。				
任务目标	掌握 Samba 服务的安装。				
任务要求	按本任务后面列出的具体任务内容，完成 Samba 服务的安装工作。				
知识链接					
计划决策					

任务实施	1. 使用本地源安装 Samba 的步骤。
	服务器端安装命令：
	`# yum install samba -y`
	客户端安装命令：
	`# yum install samba-client cifs-utils -y`
	2. 启动 Samba 服务。
	`# systemctl start smb nmb`				

检查	Samba 服务是否正常启动。				
实施总结					
小组评价					
任务点评					

【前导知识】

一、SMB/CIFS 协议

1. SMB 协议历史

SMB（Server Message Block，服务信息块）协议是一个高层协议，它提供了在网络上的不同计算机之间共享文件、打印机和不同通信资料的手段。

SMB 使用 NetBIOS API 实现面向连接的协议，该协议为 Windows 客户程序和服务提供了一个通过虚电路按照请求 – 响应方式进行通信的机制。

SMB 的工作原理就是让 NetBIOS 与 SMB 协议运行在 TCP/IP 上，并且使用 NetBIOS 的名字解释器让 Linux 机器可以在 Windows 中被看到，从而和 Windows 7/8/10/11 进行相互沟通，共享文件和打印机。

2. CIFS 协议

通用网际文件系统（CIFS）是微软服务器消息块协议（SMB）的增强版本，提供计算机用户在企业内部网和因特网上共享文件的标准方法，CIFS 在 TCP/IP 上运行，利用因特网上的全球域名服务系统（DNS）增强其可扩展性，同时为因特网上普遍存在的慢速拨号连接优化。

CIFS 的特点：
①文件访问的完整性。
②为慢速连接优化。
③为文件或目录的访问提供安全性。
④高性能和可扩展性。
⑤使用统一码（Unicode）文件名。
⑥使用全局文件名。

二、**Samba** 与其功能

1. Samba 简介

Samba 是在 Linux 和 UNIX 系统上实现 SMB 协议的一个免费软件，由服务器及客户端程序构成。SMB（Server Messages Block，信息服务块）是一种在局域网上共享文件和打印机的一种通信协议，它为局域网内的不同计算机之间提供文件及打印机等资源的共享服务。SMB 协议是客户端/服务器型协议，客户机通过该协议可以访问服务器上的共享文件系统、打印机及其他资源。

2. Samba 的主要功能

①使 Linux 主机成为 Windows 网络中的一分子，与 Windows 系统相互分享资源。
②使 Linux 主机可以使用 Windows 系统共享的文件和打印机。
③使 Linux 主机成为文件服务器或打印服务器，为 Linux/Windows 客户端提供文件共享服务和远程打印服务。
④使 Linux 主机担任 Windows 域控制器和 Windows 成员服务器，管理网络。
⑤使 Linux 主机担任 WINS 名字服务器，提供 NetBIOS 名字解析服务。
⑥提供用户身份认证功能。
⑦支持 SSL 安全套接层协议。

3. Samba 的应用

①运行在 Windows 工作组网络并提供文件和打印共享服务，如图 8 – 1 所示。
②加入 Windows 活动目录并成为其成员，如图 8 – 2 所示。

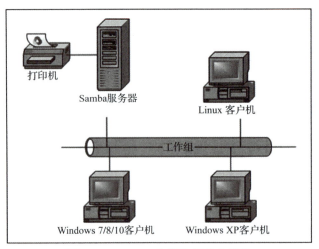

图 8-1　Samba 文件打印共享服务

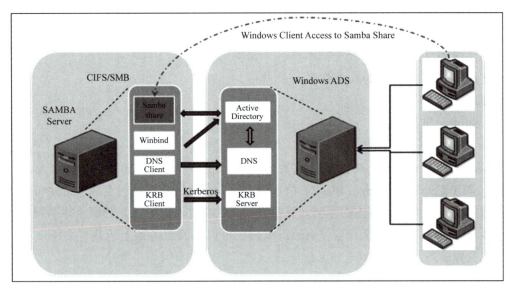

图 8-2　Samba 加入 Windows 活动目录

③作为活动目录域控制器（ADS），需配合 Kerberos 服务和 LDAP 服务。

三、安装配置 Samba 服务

1. Samba 服务的 RPM 包

Samba 的 RPM 包主要有：

①samba – common：包括 Samba 服务器和客户均需要的文件。

②samba：Samba 服务端软件。

③samba – winbind：可选的 Winbind 服务。

④samba – client：Samba 客户端软件。

⑤samba – swat：Samba 的 Web 配置工具。

2. SMB 服务概览

①软件包：samba、samba – common。

②服务类型：由 Systemd 启动的守护进程。

③配置单元：/usr/lib/systemd/system/{smb，nmb} d. service。

④守护进程：/usr/sbin/nmbd、/usr/sbin/smbd。

⑤监听端口：［NetBIOS］UDP：137（-ns），UDP：138（-dgm），TCP：139（-ssn）、［SMB over TCP］TCP：445（-ds）。

⑥配置文件：/etc/samba/*。

⑦相关软件包：samba – swat、samba – client、testparm、cifs – utils。

3. Samba 的相关工具

（1）服务器端工具

/usr/bin/smbpasswd：用于设置 Samba 用户账号及口令。

/usr/bin/ testparm：用于检测配置文件的正确性。

/usr/bin/smbstatus：用于显示 Samba 的连接状态。

（2）客户端工具

/usr/bin/findsmb：用于查找网络中的 Samba 服务器。

/usr/bin/smbclient：Linux 下的 Samba 客户端。

/usr/bin/smbget：基于 SMB/CIFS 的类似于 wget 的下载工具。

/usr/bin/smbtar：类似于 tar 的归档工具，用于将 SMB/CIFS 的共享打包备份到 Linux 主机。

4. Samba 相关的配置文件

①/etc/sysconfig/samba：用于设置守护进程的启动参数。

②/etc/samba/smb. conf：主配置文件。

③/etc/samba/smbusers：用于映射 Linux 用户和 Windows 用户。

④/etc/samba/lmhosts：用于设置 NetBIOS 名字与 IP 地址的对应关系表。

⑤/etc/pam. d/samba：Samba 的 PAM 配置文件。

⑥/etc/rc. d/init. d/smb：Samba 的 INIT 启动脚本。

【任务内容】

1. 安装 Samba 服务。
2. 启动 Samba 服务。
2. 验证 Samba 服务安装成功。

【任务实施】

1. 安装 Samba 服务

（1）服务器端安装命令

```
# yum install samba -y
```

如图 8 – 3 所示。

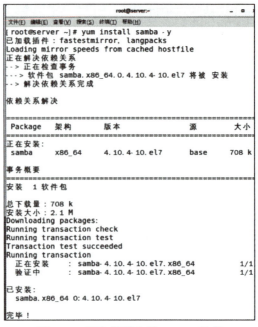

图 8-3　服务器端安装 Samba 软件

（2）客户端安装命令

yum install samba - client cifs - utils -y

如图 8-4 所示。

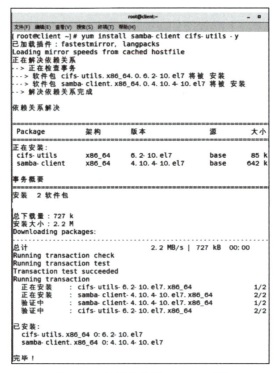

图 8-4　客户端安装 Samba 工具

项目 8　配置与管理 Samba 服务

提示：通过软件仓库来安装 Samba 服务程序，要保证安装成功，务必先配置好软件仓库。如图 8-3 和图 8-4 所示，"完毕"表示安装完成。

2. 启动 Samba 服务

启动 Samba 服务的命令为：

```
# systemctl start smb nmb
```

如图 8-5 所示。

```
[root@server ~]# systemctl start smb nmb
[root@server ~]#
```

图 8-5　启动服务器端 Samba 服务

3. 验证 Samba 服务安装成功

```
# systemctl status smb nmb
```

如图 8-6 所示。

图 8-6　服务器端 Samba 服务正常运行

提示：active（running）表示 Samba 服务正常运行。

任务 8.2　配置 Samba 共享资源

【任务工单】任务工单 8-2：配置 Samba 共享资源

任务名称	配置 Samba 共享资源			
组别		成员	小组成绩	
学生姓名			个人成绩	
任务情境	系统管理员已按照任务 8.1 成功安装 Samba 服务，现请你以系统管理员身份完成 Samba 共享资源的配置。			
任务目标	Windows 和 Linux 客户端可以访问 Samba 服务器中的共享资源。			

续表

任务要求	按本任务后面列出的具体任务内容，完成 Samba 服务的配置。
知识链接	
计划决策	
任务实施	1. Samba 服务器端配置共享资源步骤。 2. Windows 客户端访问共享资源的步骤。 3. Linux 客户端访问共享资源的步骤。
检查	1. Windows 客户端能够访问共享资源；2. Linux 客户端能够访问共享资源。
实施总结	
小组评价	
任务点评	

【前导知识】

Samba 服务程序的主配置文件/etc/samba/smb.conf：

```
# vim /etc/samba/smb.conf
 1 # See smb.conf.example for a more detailed config file or
 2 # read the smb.conf manpage.
 3 # Run'testparm'to verify the config is correct after
 4 # you modified it.
 5
 6 [global]
 7        workgroup = SAMBA
 8        security = user
 9
10        passdb backend = tdbsam
11
12        printing = cups
13        printcap name = cups
14        load printers = yes
15        cups options = raw
16
17 [homes]
18        comment = Home Directories
19        valid users = %S, %D%w%S
20        browseable = No
21        read only = No
22        inherit acls = Yes
23
24 [printers]
25        comment = All Printers
```

项目 8　配置与管理 Samba 服务

```
26        path = /var/tmp
27        printable = Yes
28        create mask = 0600
29        browseable = No
30
31 [print $]
32        comment = Printer Drivers
33        path = /var/lib/samba/drivers
34        write list = @printadmin root
35        force group = @printadmin
36        create mask = 0664
37        directory mask = 0775
```

主配置文件只有 37 行。其中第 17~22 行代表共享每位登录用户的家目录内容。这个默认操作不安全，建议不要共享，将其删除掉。第 24~29 行是用 SMB 协议共享本地的打印机设备，方便局域网内的用户远程使用打印机设备。第 31~37 行依然为共享打印机设备的参数。

上述配置文件详细的注释说明见表 8-1。

表 8-1　Samba 服务程序中的参数以及作用

行数	参数	作用
1	# See smb. conf. example for a more detailed config file or	注释信息
2	# read the smb. conf manpage.	
3	# Run 'testparm' to verify the config is correct after	
4	# you modified it.	
5	[global]	全局参数
6	workgroup = SAMBA	工作组名称
7		
8	security = user	安全验证的方式，总共有4种
9		
10	passdb backend = tdbsam	定义用户后台的类型，总共有3种
11		
12	printing = cups	打印服务协议
13	printcap name = cups	打印服务名称
14	load printers = yes	是否加载打印机
15	cups options = raw	打印机的选项

— 175 —

续表

行数	参数	作用
16		
17	[homes]	共享名称
18	comment = Home Directories	描述信息
19	valid users = %S, %D%w%S	可用账户
20	browseable = No	指定共享信息是否在"网上邻居"中可见
21	read only = No	是否只读
22	inherit acls = Yes	是否继承访问控制列表
23		
24	[printers]	共享名称
25	comment = All Printers	描述信息
26	path = /var/tmp	共享路径
27	printable = Yes	是否可打印
28	create mask = 0600	文件权限
29	browseable = No	指定共享信息是否在"网上邻居"中可见
30		
31	[print$]	共享名称
32	comment = Printer Drivers	描述信息
33	path = /var/lib/samba/drivers	共享路径
34	write list = @printadmin root	可写入文件的用户列表
35	force group = @printadmin	用户组列表
36	create mask = 0664	文件权限
37	directory mask = 0775	目录权限

其中，security 参数代表用户登录 Samba 服务时采用的验证方式。总共有 4 种可用参数：

①share：代表主机无须验证密码。这相当于 vsftpd 服务的匿名公开访问模式，比较方便，但安全性很差。

②user：代表登录 Samba 服务时需要使用账号密码进行验证，通过后才能获取到文件。这是默认的验证方式，最为常用。

③domain：代表通过域控制器进行身份验证，用来限制用户的来源域。

④server：代表使用独立主机验证来访用户提供的密码。这相当于集中管理账号，并不常用。

在早期的 CentOS 系统中，Samba 服务使用 PAM（可插拔认证模块）来调用本地账号和密码信息，后来在 5、6 版本中替换成了用 smbpasswd 命令来设置独立的 Samba 服务账号和密码。到了 CentOS 7/8 版本，则又进行了一次改革，将传统的验证方式换成使用tdbsam数据库进行验证。这是一个专门用于保存 Samba 服务账号密码的数据库，用户需要用pdbedit命令进行独立的添加操作。

【任务内容】

1. 配置共享资源。
2. Windows 访问共享资源。
3. Linux 访问共享资源。

【任务实施】

1. 配置共享资源

Samba 服务程序的主配置文件包括全局配置参数和区域配置参数。全局配置参数用于设置整体的资源共享环境，对每一个独立的共享资源都有效。区域配置参数则用于设置单独的共享资源，并且仅对资源有效。创建共享资源步骤如下：

```
[smbdata]                                                //共享名称为 smbdata
comment = Do not arbitrarily modify the database file   //警告用户不要随意修改数据库
path = /mnt/smbdata                                      //共享目录为 /mnt/smbdata
public = no                                              //关闭"所有人可见"
writable = yes                                           //允许写入操作
```

如图 8 - 7 所示。

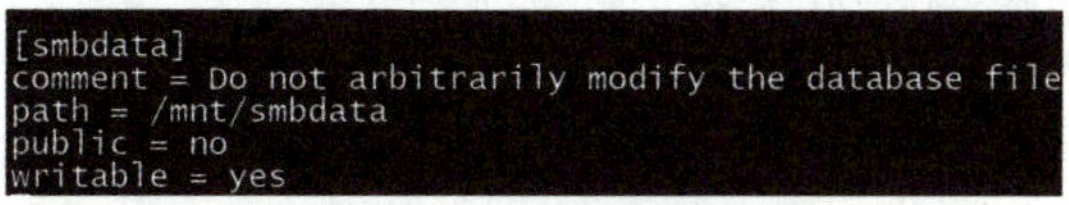

```
[smbdata]
comment = Do not arbitrarily modify the database file
path = /mnt/smbdata
public = no
writable = yes
```

图 8 - 7　创建共享资源

①在主配置文件添加以下内容：

```
[root@server ~]# vim /etc/samba/smb.conf
```

②创建用于访问共享资源的账户信息。

Samba 服务程序默认使用的是用户密码认证模式（user）。这种认证模式可以确保仅让有密码且受信任的用户访问共享资源，而且认证简单。不过，只有建立账户信息数据库之后，才能使用用户密码认证模式。另外，Samba 服务程序的数据库要求账户必须在当前系统中已经存在，否则，创建文件时将导致文件的权限属性混乱不堪，引发错误。

pdbedit 命令用于管理 Samba 服务程序的账户信息数据库，格式为"pdbedit［选项］账户"。第一次把账户信息写入数据库时，需要使用 -a 参数。pdbedit 命令中使用的参数以及作用见表 8-2。

表 8-2　用于 pdbedit 命令的参数以及作用

参数	作用
-a 用户名	建立 Samba 用户
-x 用户名	删除 Samba 用户
-L	列出用户列表
-Lv	列出用户详细信息的列表

```
[root@server ~]# id linux                              //linux是系统已有的用户
uid=1000(linux) gid=1000(linux) groups=1000(linux)
[root@server ~]# pdbedit -a -u linux
new password:此处输入该账户在 Samba 服务数据库中的密码
retype new password:再次输入密码进行确认
UNIX username:         linux
NT username:
......
```

③创建用于共享资源的文件目录，并设置 SELinux 安全上下文立即生效。

```
[root@server ~]# mkdir /mnt/smbdata
[root@server ~]# chown -Rf linux:linux /mnt/smbdata
[root@server ~]# semanage fcontext -a -t samba_share_t /mnt/smbdata
[root@server ~]# restorecon -Rv /mnt/smbdata
Relabeled /mnt/smbdata from unconfined_u:object_r:user_home_dir_t:s0 to unconfined_u:object_r:samba_share_t:s0
```

④Samba 服务程序的配置工作基本完毕。Samba 服务程序在 Linux 系统中的服务名为 smb，重启 smb 服务并加入启动项中，保证在重启服务器后依然能够为用户持续提供服务。

```
[root@server ~]# systemctl restart smb nmb
[root@server ~]# systemctl enable smb nmb
Created symlink /etc/systemd/system/multi-user.target.wants/smb.service → /usr/lib/systemd/system/smb.service.
```

⑤为了避免防火墙限制用户访问，这里将 iptables 防火墙清空，再把 Samba 服务添加到 firewalld 防火墙中，确保万无一失。

```
[root@server ~]# iptables -F
[root@server ~]# iptables-save
[root@server ~]# firewall-cmd --zone=public --permanent --add-service=samba
success
[root@server ~]# firewall-cmd --reload
success
```

⑥可以使用"systemctl status smb"命令查看服务器是否启动了 Samba 服务。使用 smbclient 命令查看 Samba 服务共享目录;-U 参数指定用户名称;-L 参数列出了共享清单。

```
[root@server ~]# smbclient -U linux -L 192.168.100.10
Enter SAMBA\linuxp's password:此处输入该账户在 Samba 服务数据库中的密码

        Sharename       Type        Comment
        ---------       ----        -------
        smbdata         Disk        Do not arbitrarily modify the database file
......
```

⑦至此,共享目录已经创建完成,接下来分别通过 Windows 与 Linux 客户端访问共享目录。

2. Windows 访问共享资源

以上 Samba 共享服务部署在 Linux 系统上,并通过 Windows 系统来访问 Samba 服务。要在 Windows 系统中访问共享资源,只需要单击 Windows 系统的"开始"按钮后输入两个反斜杠,然后再添加 Samba 服务器的 IP 地址即可,如图 8-8 所示。

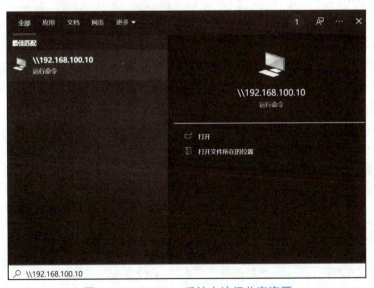

图 8-8 Windows 系统中访问共享资源

在 Samba 共享服务的登录界面,鼠标双击共享目录"smbdata",在正确输入 Samba 服务数据库中的 Linux 账户名以及使用 pdbedit 命令设置的密码后,可以登录到 Samba 服务程序的共享界面，如图 8-9 所示。此时，可以尝试执行查看、写入、更名、删除文件等操作。

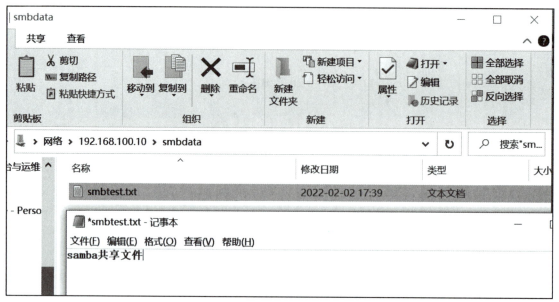

图 8-9 成功访问 Samba 共享服务

3. Linux 访问共享资源

前面的操作是为了解决 Linux 系统和 Windows 系统的资源共享。Samba 服务程序还可以实现 Linux 系统之间的文件共享。只需在客户端安装支持文件共享服务的软件包 cifs-utils 即可访问共享资源。

客户端安装命令：

```
[root@client ~]# yum install samba-client cifs-utils -y
```

安装好软件包后，在 Linux 客户端创建一个用于挂载 Samba 服务共享资源的目录/smbdata。mount 命令中的 -t 参数用于指定协议类型，-o 参数用于指定用户名和密码，最后追加上服务器 IP 地址、共享名称和本地挂载目录即可。服务器 IP 地址后面的共享名称指的是配置文件中 [smbdata] 的值，而不是服务器本地挂载的目录名称。

```
[root@client ~]# mkdir /smbdata
[root@client ~]# mount -t cifs -o username=linux,password=123 //192.168.100.10/smbdata /smbdata
[root@client ~]# df -h
Filesystem                Size  Used Avail Use% Mounted on
/dev/mapper/centos-root    17G  5.6G   11G  39% /
devtmpfs                  895M     0  895M   0% /dev
tmpfs                     911M     0  911M   0% /dev/shm
//192.168.100.10/smbdata   17G  4.0G   13G  24% /smbdata
……
```

每次重启电脑后，都需要使用 mount 命令手动挂载远程共享目录，特别容易忘记，可以

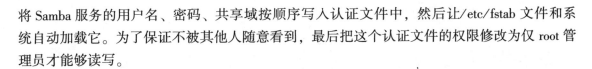

将 Samba 服务的用户名、密码、共享域按顺序写入认证文件中，然后让/etc/fstab 文件和系统自动加载它。为了保证不被其他人随意看到，最后把这个认证文件的权限修改为仅 root 管理员才能够读写。

```
[root@client ~]# vim auth.smb
username = linux
password = 123          //密码前后保存一致，即 pdbedit 给用户 linux 设置的密码
domain = SAMBA
[root@client ~]# chmod 600 auth.smb
```

将挂载信息写入/etc/fstab 文件中，以确保共享挂载信息在服务器重启后依然生效。

```
[root@client ~]# vim /etc/fstab
#
# /etc/fstab
# Created by anaconda on Mon Sep 20 05:16:58 2021
#
# Accessible filesystems, by reference, are maintained under '/dev/disk'
# See man pages fstab(5), findfs(8), mount(8) and/or blkid(8) for more info
#
/dev/mapper/centos-root /                       xfs        defaults        0 0
UUID=991f1633-5f8d-453c-939f-58313b9023b8 /boot          xfs     defaults    0 0
#/dev/mapper/centos-swap swap                   swap       defaults        0 0
/dev/cdrom /media/cdrom iso9660 defaults 0 0
 //192.168.100.10/smbdata                /smbdata        cifs       creden-tials=/root/auth.smb 0 0
~
[root@client ~]# mount -a
```

Linux 客户端成功地挂载了 Samba 服务的共享资源。进入挂载目录/smbdata 后，就可以看到 Windows 系统访问 Samba 服务程序时留下来的文件了（即文件 smbtest.txt），可以对该文件进行读写操作并保存。

```
[root@client ~]# cat /smbdata/smbtest.txt
smb 共享文件
```

至此，Samba 服务安装配置测试成果。

【知识考核】

1. 填空题

（1）Samba 服务功能强大，使用_____协议。

（2）SMB 运行于 TCP/IP 上，使用 TCP 的_____端口。

（3）Samba 服务是由两个进程组成，分别是_____和_____。

（4）Samba 服务软件包有_____、_____、_____和_____。

（5）Samba 的配置文件一般放在_____目录中，主配置文件为_____。

2. 选择题

（1）用 Samba 共享了目录，但是在 Windows 中看不到，应该在/etc/samba/ smb.conf 中设置（　　）才能正确工作。

  A. AllowWindowsClients = yes　　　　B. Hidden = no

  C. Browseable = yes　　　　　　　　D. 以上都不是

（2）卸载 Samba – 3.0.33 – 3.7.el5.i386.rpm 的命令为（　　）。

  A. rpm – D Samba – 3.0.33 – 3.7.el5　　　B. rpm – i Samba – 3.0.33 – 3.7.el5

  C. rpm – e Samba – 3.0.33 – 3.7.el5　　　D. rpm – d Samba – 3.0.33 – 3.7.el5

（3）可以允许 198.168.100.0/24 访问 Samba 服务器的设置为（　　）。

  A. hosts enable = 198.168.100.　　　　B. hosts allow = 198.168.100.

  C. hosts accept = 198.168.100.　　　　D. hosts accept = 198.168.100.0/24

（4）启动 Samba 服务，必须运行的端口监控程序是（　　）。

  A. nmbd　　　B. lmbd　　　C. mmbd　　　D. smbd

（5）下面所列出的服务器，（　　）可以实现在异构网络操作系统之间进行文件系统共享。

  A. FTP　　　B. Samba　　　C. DHCP　　　D. Squid

（6）Samba 服务密码文件是（　　）。

  A. smb.conf　　　B. samba.conf　　　C. smbpasswd　　　D. smbclient

（7）利用（　　）命令可以对 Samba 的配置文件进行语法测试。

  A. smbclient　　　B. smbpasswd　　　C. testparm　　　D. smbmount

（8）可以通过设置（　　）来控制访问 Samba 共享服务器的合法主机名。

  A. allow hosts　　　B. valid hosts　　　C. allow　　　D. publicS

3. 简答题

（1）简述 Samba 的工作流程。

（2）简述 Samba 服务配置的四个主要步骤。

4. 实践题

（1）公司需要配置一台 Samba 服务器。工作组名为 study，共享目录为/share，共享名为 pub，该共享目录只允许 192.168.10.0/24 网段员工访问。请给出实现方案并上机调试。

（2）如果公司有多个部门，因工作需要，必须分门别类地建立相应部门的目录。要求将技术部的资料存放在 Samba 服务器的/data/tech/目录下集中管理，以便技术人员浏览，并且该目录只允许技术部员工访问。请给出实现方案并上机调试。

（3）配置 Samba 服务器，要求如下：Samba 服务器上有一个 work 目录，此目录只有 Linux 用户可以浏览访问，其他人都不可以浏览和访问。请灵活使用独立配置文件，给出实现方案并上机调试。

（4）上机完成 Samba 服务器配置及调试工作。

项目 9

配置与管理DHCP服务

【项目导读】

动态主机配置协议（Dynamic Host Configuration Protocol，DHCP）用于自动管理局域网内主机的 IP 地址、子网掩码、网关地址及 DNS 地址等参数，可以有效地提升 IP 地址的利用率，提高配置效率，并降低管理与维护成本。

本项目主要讲解 Linux 系统中配置部署 dhcpd 服务程序的方法，解析 dhcpd 服务程序配置文件内每个参数的作用，并通过自动分配 IP 地址、绑定 IP 地址与 MAC 地址等实训，更直观地体会 DHCP 协议的高效强大。

【项目目标】

- ➢ 熟悉 DHCP 协议；
- ➢ 掌握 DHCP 的工作过程；
- ➢ 学会配置 DHCP 服务器；
- ➢ 了解大型网络中 DHCP 服务部署。

【项目地图】

任务 9.1　部署 dhcpd 服务

【任务工单】任务工单 9-1：部署 dhcpd 服务

任务名称	部署 dhcpd 服务				
组别		成员		小组成绩	
学生姓名				个人成绩	
任务情境	用户需要使用 dhcpd 协议自动管理局域网内主机的 IP 地址、子网掩码、网关地址及 DNS 地址等参数，现请你以系统管理员身份帮助用户完成 dhcpd 服务的部署工作。				
任务目标	掌握 dhcpd 服务的部署。				
任务要求	按本任务后面列出的具体任务内容，完成 dhcpd 服务的部署工作。				
知识链接					
计划决策					

任务实施	1. 使用本地源安装 dhcpd 的步骤。
	服务器端安装命令：
	`# yum install dhcp -y`
	2. 启动 dhcpd 服务。
	`# systemctl start dhcpd`				

检查	dhcpd 服务是否安装成功。				
实施总结					
小组评价					
任务点评					

【前导知识】

DHCP 协议

DHCP（动态主机配置协议）是一种基于 UDP 协议且仅限于在局域网内部使用的网络协议，主要用于大型的局域网环境或者存在较多移动办公设备的局域网环境中，其主要用途是为局域网内部的设备或网络自动分配 IP 地址等。

简而言之，DHCP 协议就是让局域网中的主机自动获得网络参数的服务。当机房内主机较多，主机数量进一步增加时（比如有 200 台，甚至 2 000 台），这个手动配置以及维护的工作量大。借助于 DHCP 协议，不仅可以为主机自动分配网络参数，还可以确保主机使用的 IP 地址是唯一的，另外，能够实现为特定主机分配固定的 IP 地址。

DHCP 相关术语：

作用域：一个完整的 IP 地址段，DHCP 协议根据作用域来管理网络的分布、分配 IP 地址及其他配置参数。

超级作用域：用于管理处于同一个物理网络中的多个逻辑子网段。超级作用域中包含了可以统一管理的作用域列表。

排除范围：把作用域中的某些 IP 地址排除，确保这些 IP 地址不会分配给 DHCP 客户端。

地址池：在定义了 DHCP 的作用域中排除范围后，剩余的用来动态分配给 DHCP 客户端的 IP 地址范围。

租约：DHCP 客户端使用动态分配的 IP 地址的时间。

预约：保证局域网中的特定设备总是获取到相同的 IP 地址。

【任务内容】

1. 安装 dhcpd 服务。
2. 启动 dhcpd 服务。

【任务实施】

1. 安装 dhcpd 服务

dhcpd 是 Linux 系统中用于提供 DHCP 协议的服务程序。DHCP 协议的功能十分强大，dhcpd 服务配置简单，降低了在 Linux 中实现动态主机管理服务的门槛。

配置 YUM 软件仓库后，在服务器端安装 dhcpd 服务程序：

```
# yum install dhcp -y
```

如图 9 – 1 所示。

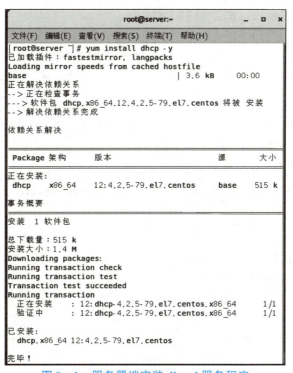

图 9 – 1　服务器端安装 dhcpd 服务程序

提示：通过 YUM 仓库来安装 dhcpd 服务程序，要保证安装成功，务必先配置好 YUM 仓库。如图 9-1 所示，"完毕"表示安装完成。另外，安装完毕后服务还不能正常启动，需修改配置文件才能正常启动。

2. 启动 dhcpd 服务

启动 dhcpd 服务命令：

```
# systemctl start dhcpd
# systemctl status dhcpd
```

如图 9-2 所示。

图 9-2　启动 dhcpd 服务

提示：配置文件/etc/dhcp/dhcpd.conf 中只有 5 行注释语句，需要根据要求设置，由于没有设置配置文件，dhcpd 服务暂时不能正常启动。

任务 9.2　自动管理 IP 地址

【任务工单】任务工单 9-2：自动管理 IP 地址

任务名称	自动管理 IP 地址			
组别		成员	小组成绩	
学生姓名			个人成绩	
任务情境	系统管理员已按照任务 9.1 成功安装 dhcpd 服务，现请你以系统管理员身份完成 dhcpd 自动分配 IP 地址。			
任务目标	客户端可以自动获取到 IP 地址等。			
任务要求	按本任务后面列出的具体任务内容，完成 dhcpd 服务的配置。			
知识链接				
计划决策				
任务实施	1. 修改配置文件/etc/dhcp/dhcpd.conf。 2. 客户端检验 IP 分配效果。			
检查	Linux 客户端获取到指定范围 IP 地址。			
实施总结				
小组评价				
任务点评				

项目 9　配置与管理 DHCP 服务

【前导知识】

dhcpd 服务程序的主配置文件为/etc/dhcp/dhcpd.conf，查看 dhcpd 服务程序的配置文件内容：

```
# cat /etc/dhcp/dhcpd.conf
```

如图 9-3 所示。

图 9-3　dhcpd 服务程序的配置文件内容

dhcpd 的服务程序的配置文件中只有 5 行注释语句，需要根据要求设置。

标准的配置文件应该包括全局配置参数、子网网段声明、地址配置选项以及地址配置参数。其中，全局配置参数用于定义 dhcpd 服务程序的整体运行参数；子网网段声明用于配置整个子网段的地址属性。

考虑到 dhcpd 服务程序配置文件的可用参数较多，常用的参数见表 9-1。

表 9-1　dhcpd 服务程序配置文件中常用的参数及作用

参数	作用
ddns-update-style 类型	定义 DNS 服务动态更新的类型，包括 none（不支持动态更新）、interim（互动更新模式）与 ad-hoc（特殊更新模式）
allow/ignore client-updates	允许/忽略客户端更新 DNS 记录
default-lease-time 21600	默认超时时间
max-lease-time 43200	最大超时时间
option domain-name-servers 8.8.8.8	定义 DNS 服务器地址
option domain-name " domain.org"	定义 DNS 域名
range	定义用于分配的 IP 地址池
option subnet-mask	定义客户端的子网掩码
option routers	定义客户端的网关地址
broadcast-address 广播地址	定义客户端的广播地址

续表

参数	作用
ntp – server IP 地址	定义客户端的网络时间服务器（NTP）
nis – servers IP 地址	定义客户端的 NIS 域服务器的地址
hardware 硬件类型 MAC 地址	指定网卡接口的类型与 MAC 地址
server – name 主机名	向 DHCP 客户端通知 DHCP 服务器的主机名
fixed – address IP 地址	将某个固定的 IP 地址分配给指定主机
time – offset 偏移差	指定客户端与格林尼治时间的偏移差

【任务内容】

1. 修改配置文件/etc/dhcp/dhcpd.conf。
2. 启动 dhcpd 服务并加入开机启动项。
3. 客户端检验 IP 分配效果。

【任务实施】

1. 修改配置文件/etc/dhcp/dhcpd.conf

DHCP 协议是为了更高效地集中管理局域网内的 IP 地址资源。DHCP 服务器会自动把 IP 地址、子网掩码、网关、DNS 地址等网络信息分配给有需要的客户端，而且当客户端的租约时间到期后，还可以自动回收所分配的 IP 地址，以便分配给新客户端。

假设机房有 120 台电脑，请配置本地 DHCP 服务器，让 120 台电脑能够使用本地 DHCP 服务器自动获取 IP 地址并正常上网。

机房所用的网络地址及参数信息见表 9 – 2。

表 9 – 2　机房所用的网络地址以及参数信息

参数名称	值
默认租约时间	21 600 s
最大租约时间	43 200 s
IP 地址范围	192.168.100.20 ~ 192.168.100.150
子网掩码	255.255.255.0
网关地址	192.168.100.2
DNS 服务器地址	192.168.100.2
搜索域	test.com

在明确了需求以及机房网络中的配置参数之后，按照表 9 – 3 来配置 DHCP 服务器以及客户端。

表 9-3 DHCP 服务器以及客户端的配置信息

主机类型	操作系统	IP 地址
DHCP 服务器	CentOS 7	192.168.100.10
DHCP 客户机	CentOS 7	DHCP 自动获取地址

作用域一般是一个完整的 IP 地址段,而地址池中的 IP 地址才是真正供客户端使用的,因此地址池应该小于或等于作用域的 IP 地址范围。另外,由于 VMware Workstation 虚拟机软件自带 DHCP 服务,为了避免与配置的 dhcpd 服务程序产生冲突,应该先按照图 9-4 和图 9-5 所示将虚拟机软件自带的 DHCP 功能关闭。

图 9-4 单击虚拟机软件的"虚拟网络编辑器"菜单

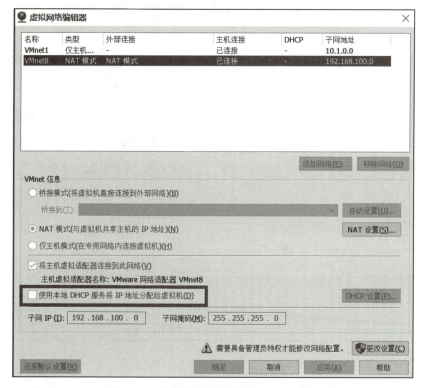

图 9-5 关闭虚拟机自带的 DHCP 功能

开启客户端,准备进行验证。但是一定要注意,DHCP 客户端与服务器需要处于同一种网络模式,例如都为 NAT 模式,否则就会产生物理隔离,从而无法获取 IP 地址。建议开启 1~5 台客户端虚拟机验证一下效果,以免物理主机的 CPU 和内存的负载太高。

在确认 DHCP 服务器的 IP 地址等网络信息配置妥当后,就可以配置 dhcpd 服务程序了。请注意,在配置 dhcpd 服务程序时,配置文件中的每行参数后面都需要以分号(;)结尾。另外,dhcpd 服务程序配置文件内的参数都十分重要,因此,在表 9-4 中列出了每一个参数的用途。

```
[root@server ~]# vim /etc/dhcp/dhcpd.conf
ddns-update-style none;
ignore client-updates;
subnet 192.168.100.0 netmask 255.255.255.0 {
range 192.168.100.20 192.168.100.150;
option subnet-mask 255.255.255.0;
option routers 192.168.100.2;
option domain-name "test.com";
option domain-name-servers 192.168.100.2;
default-lease-time 21600;
max-lease-time 43200;
}
```

表 9-4　dhcpd 服务程序配置文件中使用的参数以及作用

参数	作用
ddns-update-style none;	设置 DNS 服务不自动进行动态更新
ignore client-updates;	忽略客户端更新 DNS 记录
subnet 192.168.100.0 netmask 255.255.255.0 {	作用域为 192.168.100.0/24 网段
range 192.168.100.20 192.168.100.150;	IP 地址池为 192.168.100.20-150
option subnet-mask 255.255.255.0;	定义客户端默认的子网掩码
option routers 192.168.100.2;	定义客户端的网关地址
option domain-name " test.com";	定义默认的搜索域
option domain-name-servers 192.168.100.2;	定义客户端的 DNS 地址
default-lease-time 21600;	定义默认租约时间(单位:s)
max-lease-time 43200;	定义最大预约时间(单位:s)
}	结束符

2. 启动 dhcpd 服务并加入开机启动项

把配置过的 dhcpd 服务加入开机启动项中,以确保当服务器下次开机后 dhcpd 服务依然能自动启动,并顺利地为客户端分配 IP 地址等信息。

```
[root@server ~]# systemctl restart dhcpd
[root@server ~]# systemctl enable dhcpd
Created symlink from /etc/systemd/system/multi-user.target.wants/dhcpd.service to /usr/lib/systemd/system/dhcpd.service.
[root@server ~]# systemctl status dhcpd
• dhcpd.service - DHCPv4 Server Daemon
   Loaded: loaded (/usr/lib/systemd/system/dhcpd.service; enabled; vendor preset: disabled)
   Active: active (running) since 日 2022-07-17 15:57:10 CST; 50s ago
     Docs: man:dhcpd(8)
           man:dhcpd.conf(5)
Main PID: 5770 (dhcpd)
......
```

3. 客户端检验 IP 分配效果

把 dhcpd 服务程序配置妥当之后,就可以开启客户端来检验 IP 分配效果了。客户端网络获取方式改为"自动(DHCP)",如图 9-6 所示。重启客户端的网卡服务后,即可看到自动分配到的 IP 地址,如图 9-7 所示。

图 9-6 客户端网络设置为自动(DHCP)

提示:可以开启 Linux、Windows 系统的客户端进行尝试,所获取的 IP 地址为 192.168.100.20~192.168.100.150。

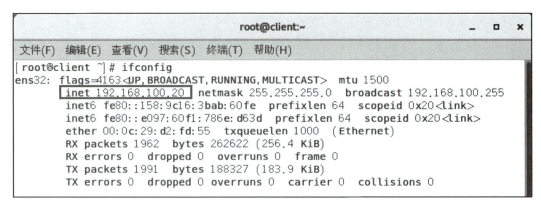

图 9-7 客户端自动获取的 IP 地址

任务 9.3　分配固定 IP 地址

【任务工单】任务工单 9-3：分配固定 IP 地址

任务名称	分配固定 IP 地址			
组别		成员	小组成绩	
学生姓名			个人成绩	
任务情境	系统管理员已按照任务 9.2 成功配置了 dhcpd 服务，现请你以系统管理员身份完成 dhcpd 分配固定 IP 地址。			
任务目标	客户端可以自动获取到特定 IP 地址等。			
任务要求	按本任务后面列出的具体任务内容，完成 dhcpd 服务的配置。			
知识链接				
计划决策				
任务实施	1. 修改配置文件/etc/dhcp/dhcpd.conf。 2. 客户端检验 IP 分配效果。			
检查	Linux 客户端获取到特定 IP 地址。			
实施总结				
小组评价				
任务点评				

【前导知识】

一、MAC 地址

在 DHCP 协议中预约，它用来确保局域网中特定的设备总是获取到固定的 IP 地址。意思就是 dhcpd 服务程序可以把某个 IP 地址分配给指定设备。

要想把某个 IP 地址与特定设备进行绑定，就需要用到这台设备的 MAC 地址。MAC 地址是网卡上面的一串独立的标识符，具备唯一性，因此不会存在冲突的情况。如图 9-8 所示，通过 ifconfig 查询主机的 MAC 地址。

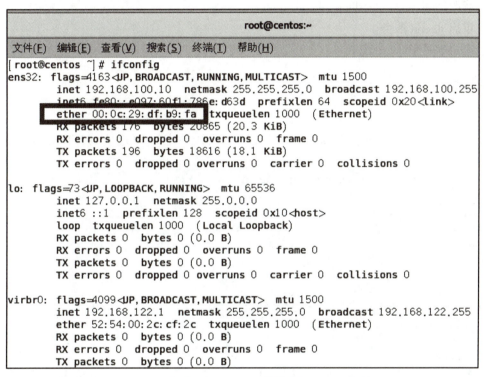

图 9-8　查看运行 Linux 系统的主机 MAC 地址

二、IP 地址与 MAC 地址进行绑定设置

在 Linux 系统或 Windows 系统中，都可以通过查看网卡的状态来获知主机的 MAC 地址。在 dhcpd 服务程序的配置文件中，按照如下格式将 IP 地址与 MAC 地址进行绑定。

```
host 主机名称｛
            hardware            ethernet         该主机的 MAC 地址；
            fixed-address                指定的 IP 地址；
｝
```

如果不方便查看主机的 MAC 地址，如何处理？针对这种情况，首先启动 dhcpd 服务程序，为主机分配一个 IP 地址，这样就会在 DHCP 服务器本地的日志文件中保存这次 IP 地址分配记录。然后查看日志文件，就可以获得主机的 MAC 地址了。

```
[root@server ~]# tail -f /var/log/messages
Jul 17 16:01:01 server systemd: Started Session 37 of user root.
Jul 17 16:02:01 server dhcpd: DHCPDISCOVER from 00:0c:29:df:b9:fa via ens32
Jul 17 16:02:02 server dhcpd: DHCPOFFER on 192.168.100.20 to 00:0c:29:df:b9:fa
(client) via ens32
……
```

【任务内容】

1. 修改配置文件/etc/dhcp/dhcpd.conf。
2. 重启 dhcpd 服务。
3. 客户端检验 IP 分配效果。

【任务实施】

1. 修改配置文件/etc/dhcp/dhcpd.conf

给 MAC 地址为 00:0c:29:df:b9:fa 的客户端分配特定的 IP 地址 192.168.100.66。

```
[root@server ~]# vim /etc/dhcp/dhcpd.conf
ddns-update-style none;
ignore client-updates;
subnet 192.168.100.0 netmask 255.255.255.0 {
range 192.168.100.20 192.168.100.150;
option subnet-mask 255.255.255.0;
option routers 192.168.100.2;
option domain-name "test.com";
option domain-name-servers 192.168.100.2;
default-lease-time 21600;
max-lease-time 43200;
host server {
hardware ethernet 00:0c:29:d2:fd:55;
fixed-address 192.168.100.66;
    }
}
```

确认参数填写正确后，就可以保存并退出配置文件，然后就可以重启 dhcpd 服务程序了。

2. 启动 dhcpd 服务

启动 dhcpd 服务，使得修改的配置文件生效。

```
[root@server ~]# systemctl restart dhcpd
```

3. 客户端检验 IP 分配效果

如果客户端已获取到了 IP 地址，则它的 IP 地址租约时间还没有到期，因此不会马上更换为新绑定的 IP 地址。想实时查看绑定效果，则需要重启一下客户端的网络服务，然后才能看到如图 9-9 所示的效果。

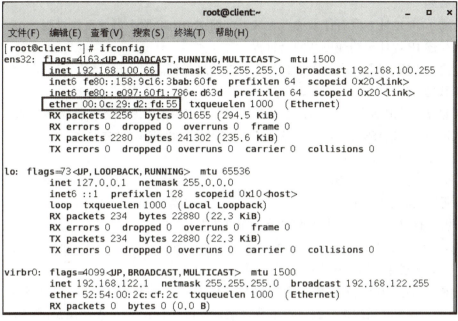

图 9-9 重启客户端的网络服务，查看特定 IP 地址

【知识考核】

1. 填空题

（1）DHCP 工作过程包括_____、_____、_____、_____ 4 种报文。

（2）如果 DHCP 客户端无法获得 IP 地址，将自动从_____地址段中选择一个作为自己的地址。

（3）DHCP 是一个简化主机 IP 地址分配管理的 TCP/IP 标准协议，英文全称是_____，中文名称为_____。

（4）当客户端注意到它的租用期到了_____以上时，就要更新该租用期。这时它发送一个_____信息包给它获得原始信息的服务器。

（5）当租用期达到期满时间的近_____时，客户端如果在前一次请求中没能更新租用期的话，它会再次试图更新租用期。

（6）配置 Linux 客户端需要修改网卡配置文件，将 BOOTPROTO 项设置为_____。

2. 选择题

（1）TCP/IP 中，（　　）协议是用来进行 IP 地址自动分配的。

A. ARP　　　　B. NFS　　　　C. DHCP　　　　D. DNS

（2）DHCP 租约文件默认保存在（　　）目录中。

A. /etc/dhcp　　B. /etc　　C. /var/log/dhcp　　D. /var/lib/dhcpd

（3）配置完 DHCP 服务器，运行（　　）命令可以启动 dhcpd 服务。

A. systemctl start dhcpd.service　　B. systemctl start dhcpd

C. start dhcpd　　D. dhcpd on

3. 简答题

（1）动态 IP 地址方案有什么优点和缺点？简述 DHCP 服务器的工作过程。

（2）简述 IP 地址租约和更新的全过程。

（3）简述 DHCP 服务器分配给客户端的 IP 地址类型。

4. 实践题

（1）建立 DHCP 服务器，为子网 A 内的客户机提供 DHCP 服务。具体参数如下。

IP 地址段：192.168.10.101～192.168.10.200；子网掩码：255.255.255.0。

网关地址：192.168.10.254。

域名服务器：192.168.20.2。

子网所属域的名称：test.com。

默认租约有效期：1 天；最大租约有效期：7 天。

请写出详细解决方案，并上机实践。

（2）DHCP 服务器超级作用域配置习题。

企业内部建立 DHCP 服务器，网络规划采用单作用域的结构，使用 192.168.10.0/24 网段的 IP 地址。随着公司规模扩大，设备数量增多，现有的 IP 地址无法满足网络的需求，需要添加可用的 IP 地址。这时可以使用超级作用域完成增加 IP 地址的目的，在 DHCP 服务器上添加新的作用域，使用 192.168.11.0/24 网段扩展网络地址的范围。

项目 10

配置与管理DNS服务

【项目导读】

域名系统（Domain Name System，DNS）是 Internet 上解决机器命名的一种系统。就像拜访朋友要先知道朋友家地址一样，在 Internet 上，当一台主机要访问另外一台主机时，必须首先获知其 IP 地址，TCP/IP 中的 IP 地址是由四段以"."分开的数字组成的（IPv4 的地址），不方便记忆，所以，就采用了域名系统来管理域名和 IP 的对应关系。

虽然因特网上的节点都可以用 IP 地址唯一标识，并且可以通过 IP 地址被访问，但即使是将 32 位的二进制 IP 地址写成 4 个 0～255 的十位数，还是太长难记忆，因此人们发明了域名（Domain Name），域名可将一个 IP 地址关联到一组有意义的字符上去。用户访问一个网站的时候，既可以输入该网站的 IP 地址，也可以输入其域名，对访问而言，两者是等价的。例如：百度网站的 Web 服务器的 IP 地址 103.235.46.40，其对应的域名是 www.baidu.com，不管用户在浏览器中输入的是 103.235.46.40 还是 www.baidu.com，都可以访问百度 Web 网站。

【项目目标】

- 理解 DNS 的相关概念和工作原理；
- 熟悉 DNS 的查询方式和域名解析过程；
- 掌握 BIND 的安装、启动和配置语法；
- 掌握常用域名服务配置；
- 掌握 BIND 的测试工具的使用。

【项目地图】

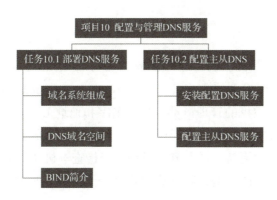

任务 10.1 部署 DNS 服务

【任务工单】任务工单 10-1：部署 DNS 服务

任务名称	部署 DNS 服务			
组别		成员	小组成绩	
学生姓名			个人成绩	
任务情境	用户需要采用域名系统来管理名字和 IP 的对应关系，现请你以系统管理员身份帮助用户完成 DNS 服务的部署工作。			
任务目标	掌握 DNS 服务的部署。			
任务要求	按本任务后面列出的具体任务内容，完成 DNS 服务的部署工作。			
知识链接				
计划决策				
任务实施	1. 使用本地源安装 DNS 的步骤。 安装命令： `# yum install bind-chroot bind-utils -y` 2. 测试是否能够把域名解析为 IP 地址。			
检查	DNS 服务是否正确完成解析。			
实施总结				
小组评价				
任务点评				

【前导知识】

一、域名系统组成

1. 资源文件

早期因特网上仅有数百台主机，那时候的域名与 IP 地址对应只需简单地记录在一个 hosts.txt 文件中，这个文件由网络信息中心（Network Information Center，NIC）负责维护。任何想添加到因特网上的主机的管理员都应将其名字和地址 E-mail 给 NIC，这个对应就会被手工加到 hosts.txt 文件中。每个主机管理员去 NIC 下载最新的 hosts.txt 文件放到自己的主机上，就完成了域名列表的更新。域名解析只是一个检查本机文件的本地过程。

随着因特网上主机数量的剧增，原有的方式已经无法满足要求。现有域名系统于 20 世纪 80 年代开始投入使用。域名系统采用层次结构的名字空间，并且原来庞大的对应表被分解为不相交的、分布在因特网中的子表，这些子表称为资源文件。

2. 域名正向解析

前面已经说明了域名系统名字空间的层次结构，下面具体看一下这一结构是如何同域名系统的域名服务器（Domain Name Server，DNS）结合来实现域名解析的。

首先，根据域名系统域名空间的层次结构将其按子树划分为不同的区域，每个区域可看作是负责层次结构中这一部分节点的可管理的权力实体。例如，整个域的顶层区域由 ICANN 负责管理，一些国家域名及其下属的那些节点又构成了各自的区域，像 .cn 域就由 CNNIC 负责管理。而 .cn 域下又被划分为一些更小的区域，例如 .fudan.edu.cn 由复旦大学网络中心负责管理。

其次，每个区域必须有对应的域名服务器，每个区域中包含的信息存储在域名服务器上。一个区域中可有两个或多个域名服务器，这样即使其中一个域名服务器出了故障，另一个域名服务器仍然可以正常提供信息。一个域名服务器也可以同时管辖多个区域。域名服务器在接到用户发出的请求后查询自身的资源记录集合，返回用户想要得到的最终答案，或者当自身的资源记录集合中查不到所需要的答案时，返回指向另外一个域名服务器的指针，用户将继续向那个域名服务器发出请求。所以说，域名服务器不需要记录所有下属域名和主机的信息，对于其中的子域（如果存在），只需要知道子域的域名服务器即可。

资源记录是一个域名到值的绑定，它包括以下字段：域名、值、类型、分类和生命期。域名字段和值字段分别用来表示解析的内容和解析返回的结果。类型字段代表了值的种类：类型为 A，代表值字段是一个 IP 地址，即用户所要的最终答案；类型为 NS，代表值字段是另一个域名服务器的域名，该域名服务器能够知道如何解析域名字段所指定的域名；类型为 CNAME，代表值字段是由域名所指定的主机的一个别名；类型为 MX，代表值字段是一个邮件服务器的域名，该邮件服务器接收由域名字段所指定的域的邮件；类型为 PTR，用于域名反解等。分类字段允许指定其他的记录类型。生命期字段用于指出该资源记录的有效期是多少。为减少域名解析时间，域名服务器会缓存一些曾经查询过的、来自其他域名服务器的资源记录。由于这些资源记录会因为更改而失效，因此域名服务器设置了生命期，到期的资源记录会被清除出缓存。

根域名服务器知道所有顶级域名的域名服务器，对应于每个顶级域名，它都有两条资源记录：一条是 NS 资源记录，域名字段是该顶级域名，值字段是该顶级域名解析的域名服务器的域名；另一条是 A 资源记录，用来指明该域名服务器的域名对应的 IP 地址。综合使用这两条记录，就可以知道对该域下的某个域名解析，应该继续去哪个 IP 地址的域名服务器寻找。第二层的域名服务器类似地存放各个第三层域名服务器的指针。第三层的域名服务器会出现 A、CNAME、MX 等类型的资源记录。每个域名服务器都有根域名服务器的地址记录。

最后，一个需要域名解析的用户先将该解析请求发往本地的域名服务器。如果本地的域名服务器能够解析，则直接得到结果，否则本地的域名服务器将向根域名服务器发送请求。依据根域名服务器返回的指针再查询下一层的域名服务器，依此类推，最后得到所要解析域名的 IP 地址。

3. 域名反向解析

域名反向解析是指给出一个 IP 地址，找出其对应的域名，这也是利用 DNS 来实现的。举个例子，假设一个要反解的 IP 地址为 202.120.224.8，系统将其改写为 8.224.120.202.in-addr.arpa，然后按域名解析的方式查询。这需要在被查询主机的本地域名服务器上有一条对应于 8.224.120.202.in-addr.arpa 的资源记录，类型是 PTR，值是其域名。

二、DNS 域名空间

1. 名字空间的层次结构

名字空间是指定义了所有可能的名字的集合。域名系统的名字空间是层次结构的，类似于 Windows 的文件名。它可看作是一个树状结构，域名系统不区分树内节点和叶子节点，而统称为节点，不同节点可以使用相同的标记。所有节点的标记只能由 3 类字符组成：26 个英文字母（a~z）、10 个阿拉伯数字（0~9）和英文连词号（-），并且标记的长度不得超过 22 个字符。一个节点的域名是由从该节点到根的所有节点的标记连接组成的，中间以点分隔。最上层节点的域名称为顶级域名（Top-Level Domain，TLD），第二层节点的域名称为二级域名，依此类推。

2. 域名的分配和管理

域名由因特网域名与地址管理机构（Internet Corporation for Assigned Names and Numbers，ICANN）管理，这是为承担域名系统管理、IP 地址分配、协议参数配置，以及主服务器系统管理等职能而设立的非营利机构。ICANN 为不同的国家或地区设置了相应的顶级域名，这些域名通常都由两个英文字母组成。例如：.uk 代表英国、.fr 代表法国、.jp 代表日本。中国的顶级域名是.cn，.cn 下的域名由 CNNIC 进行管理。

CNNIC 规定.cn 域下不能申请二级域名，三级域名的长度不得超过 20 个字符，并且对名称还做了下列限制：

① 注册含有"CHINA""CHINESE""CN"和"NATIONAL"等字样的域名要经国家有关部门（指部级以上单位）正式批准。

② 公众知晓的其他国家或者地区名称、外国地名和国际组织名称不得使用。

③ 县级以上（含县级）行政区划名称的全称或者缩写的使用要得到相关县级以上（含县级）人民政府正式批准。

④ 行业名称或者商品的通用名称不得使用。

⑤ 他人已在中国注册过的企业名称或者商标名称不得使用。

⑥ 对国家、社会或者公共利益有损害的名称不得使用。

⑦ 经国家有关部门（指部级以上单位）正式批准和相关县级以上（含县级）人民政府正式批准，是指相关机构要出具书面文件表示同意××××单位注册×××域名。如：要申请 beijing.com.cn 域名，则要提供北京市人民政府的批文。

3. 顶级类别域名

除了代表各个国家顶级域名之外，ICANN 最初还定义了 7 个顶级类别域名，它们分别是.com、.top、.edu、.gov、.mil、.net、.org；.com、.top 用于企业，.edu 用于教育机构，

.gov 用于政府机构，.mil 用于军事部门，.net 用于互联网络及信息中心等，.org 用于非营利性组织。

随着因特网的发展，ICANN 又增加了两大类共 7 个顶级类别域名，分别是 .aero、.biz、.coop、.info、.museum、.name、.pro。其中，.aero、.coop、.museum 是 3 个面向特定行业或群体的顶级域名：.aero 代表航空运输业，.coop 代表协作组织，.museum 代表博物馆；.biz、.info、.name、.pro 是 4 个面向通用的顶级域名：.biz 表示商务，.name 表示个人，.pro 表示会计师、律师、医师等，.info 则没有特定指向。DNS 域名空间的分层结构如图 10-1 所示。

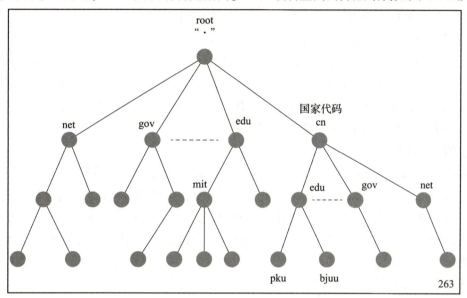

图 10-1 DNS 域名空间的分层结构

4. DNS 服务器类型

①主域名服务器（Primary Name Server）是区数据的最根本的来源，是从本地硬盘文件中读取域的数据的，它是所有辅域名服务器进行域传输的源。

②辅域名服务器（Secondary Name Server）通过"区传输（zone transfer）"从主服务器复制区数据，辅域名服务器可以提供必需的冗余服务。所有的辅域名服务器都应该写在这个域的 NS 记录中。

③唯高速缓存服务器（Caching-only Server）从一个"根线索文件"加载一些根服务器的地址，并缓存这些由根服务器解析的结果并不断累计。可以将它收到的信息存储下来，并再将其提供给其他的用户进行查询，直到这些信息过期。配置中没有任何本地的授权域的配置信息。

④转发服务器（Forwarding Server）代替众多客户执行查询并创建一个大的缓存。

所有的服务器均设置高速缓冲服务器来提供名字的解答，一些域的主服务器可以是另外一些域的辅助域名服务器，一个域只能创建一个主域名服务器，另外至少应该创建两个辅助域名服务器。在网络上设置高速缓冲服务器可以减少主服务器和辅助域名服务器的装载量，以此来减少网络传输转发服务器一般用于用户不希望站点内的服务器直接和外部服务器通信的情况。

5. DNS 查询模式

（1）递归查询（Recursive Query）

当收到 DNS 工作站的查询请求后，本地 DNS 服务器只会向 DNS 工作站返回两种信息：要么是在该 DNS 服务器上查到的结果，要么是查询失败。当本地名字服务器中找不到名字时，该 DNS 服务器绝对不会主动告诉 DNS 工作站另外的 DNS 服务器的地址，而是由域名服务器系统自行完成名字和 IP 地址转换，即利用服务器上的软件来请求下一个服务器。如果其他名字服务器解析该查询失败，就告知客户查询失败。

（2）叠代查询（Iterative Query）

当收到 DNS 工作站的查询请求后，如果在 DNS 服务器中没有查到所需数据，该 DNS 服务器便会告诉 DNS 工作站另外一台 DNS 服务器的 IP 地址，然后再由 DNS 工作站自行向此 DNS 服务器查询，依此类推，一直到查到所需数据为止。如果到最后一台 DNS 服务器都没有查到所需数据，则通知 DNS 工作站查询失败。

三、BIND 简介

BIND（Berkeley Internet Name Domain，伯克利因特网名称域）服务是全球范围内使用最广泛、最安全可靠且高效的域名解析服务程序。DNS 域名解析服务作为互联网基础设施服务，其责任之重可想而知，因此建议在生产环境中安装部署 bind 服务程序时加上 chroot（俗称牢笼机制）扩展包，以便有效地限制 bind 服务程序仅能对自身的配置文件进行操作，以确保整个服务器的安全。

1. DNS 服务概览

软件包：bind、bind－utils、bind－chroot。

服务类型：由 Systemd 启动的守护进程。

配置单元：/usr/lib/systemd/system/named.service。

守护进程：/usr/sbin/named、/usr/sbin/rndc。

端口：53（domain）、953（rndc）。

配置文件：/var/named/chroot/、/etc/named.conf、/etc/rndc.key、/var/named/*。

2. 与 DNS 服务相关的软件包

①bind：DNS 服务器软件包。

②bind－utils：DNS 测试工具，包括 dig、host 与 nslookup 等。

③bind－chroot：使 BIND 运行在指定目录中的安全增强工具。

3. 与 DNS 服务相关配置文件（表 10－1）。

表 10－1　与 DNS 服务相关配置文件

分类	文件	说明
配置文件	/etc/named.conf	主配置文件
	/etc/named.rfc1912.zones	被主配置文件包含的符合 rfc1912 区声明文件

项目 10　配置与管理 DNS 服务

续表

分类	文件	说明
密钥文件	/etc/rndc.key	被 rndc 使用的 key 文件。若没有 rndc.conf 文件（默认没有），rndc 命令将使用此文件中的 key
	/etc/named.root.key	包含根区的 DNSSEC key
	/etc/named.iscdlv.key	包含 ISC DLV（dlv.isc.org）的 DNSSEC key
区数据库文件	/var/named/named.ca	根服务器线索文件
	/var/named/named.localhost	localdomain 正向区数据库文件，用于将名字 localhost.localdomain 转换为本地回送 IPv4 地址 127.0.0.1
	/var/named/named.loopback	反向区数据库文件，用于将本地回送 IPv4 地址 127.0.0.1 转换为名字 localhost
	/var/named/named.empty	广播地址的反向区数据库文件

【任务内容】

1. 使用 bind-chroot 搭建 DNS 服务。
2. 配置 DNS 服务的正反向解析。

【任务实施】

1. 规划节点

部署主从节点 DNS 服务的节点规划，见表 10-2。

表 10-2　主从节点 DNS 服务的节点规划

IP	主机名	节点
192.168.100.20	master	主 DNS 服务器
192.168.100.30	slave	从 DNS 服务器

2. 永久修改主机名命令

```
hostnamectl set-hostname master
```

刷新，使得修改的主机名立即生效命令：bash。

3. 安装配置 DNS 软件 BIND（主从服务器都需配置）

①使用如下命令安装 bind-chroot DNS 服务器，结果如图 10-2 所示。

```
[root@master ~]# yum install bind-chroot bind-utils -y
```

```
[root@master ~]# yum install bind-chroot bind-utils  -y
Loaded plugins: fastestmirror
centos                                              | 3.6 kB     00:00
(1/2): centos/group_gz                              | 155 kB     00:01
(2/2): centos/primary_db                            | 2.8 MB     00:01
Determining fastest mirrors
Resolving Dependencies
--> Running transaction check
---> Package bind-chroot.x86_64 32:9.9.4-29.el7 will be installed
--> Processing Dependency: bind = 32:9.9.4-29.el7 for package: 32:bind-chroo
t-9.9.4-29.el7.x86_64
---> Package bind-utils.x86_64 32:9.9.4-29.el7 will be installed
--> Processing Dependency: bind-libs = 32:9.9.4-29.el7 for package: 32:bind-
utils-9.9.4-29.el7.x86_64
--> Processing Dependency: liblwres.so.90()(64bit) for package: 32:bind-util
s-9.9.4-29.el7.x86_64
--> Processing Dependency: libisccfg.so.90()(64bit) for package: 32:bind-uti
ls-9.9.4-29.el7.x86_64
--> Processing Dependency: libisccc.so.90()(64bit) for package: 32:bind-util
s-9.9.4-29.el7.x86_64
--> Processing Dependency: libisc.so.95()(64bit) for package: 32:bind-utils-
9.9.4-29.el7.x86_64
--> Processing Dependency: libdns.so.100()(64bit) for package: 32:bind-utils
-9.9.4-29.el7.x86_64
--> Processing Dependency: libbind9.so.90()(64bit) for package: 32:bind-util
s-9.9.4-29.el7.x86_64
--> Running transaction check
```

图 10 – 2　安装 bind – chroot 软件包

提示：图 10 – 2 为 bind – chroot 版本号，在后续操作中需输入相应版本号。

②通过 rpm 查询所安装的文件，如图 10 – 3 所示。

[root@master ~]# rpm -ql bind-chroot

```
[root@master ~]# rpm -ql bind-chroot
/usr/lib/systemd/system/named-chroot-setup.service
/usr/lib/systemd/system/named-chroot.service
/usr/libexec/setup-named-chroot.sh
/var/named/chroot
/var/named/chroot/dev
/var/named/chroot/dev/null
/var/named/chroot/dev/random
/var/named/chroot/dev/zero
/var/named/chroot/etc
/var/named/chroot/etc/named
/var/named/chroot/etc/named.conf
/var/named/chroot/etc/pki
/var/named/chroot/etc/pki/dnssec-keys
/var/named/chroot/run
/var/named/chroot/run/named
/var/named/chroot/usr
/var/named/chroot/usr/lib64
/var/named/chroot/usr/lib64/bind
/var/named/chroot/var
/var/named/chroot/var/log
/var/named/chroot/var/named
/var/named/chroot/var/run
/var/named/chroot/var/tmp
```

图 10 – 3　查询 bind – chroot 安装文件

③进入 bind – chroot 目录，如图 10 – 4 所示。

[root@master ~]# cd /var/named/chroot/

```
[root@master ~]# cd /var/named/chroot/
[root@master chroot]# ll
total 0
drwxr-x--- 2 root   named 41 Oct  4 05:36 dev
drwxr-x--- 4 root   named 28 Oct  4 05:36 etc
drwxr-x--- 3 root   named 18 Oct  4 05:36 run
drwxrwx--- 3 named  named 18 Oct  4 05:36 usr
drwxr-x--- 5 root   named 48 Oct  4 05:36 var
```

图 10 – 4　bind – chroot 目录

④拷贝 bind 相关文件，准备 bind – chroot 环境，如图 10 – 5 所示。

```
[root@master chroot]# cp -R /usr/share/doc/bind-9.9.4/sample/etc/*
/var/named/chroot/etc/
[root@master chroot]# cp -R /usr/share/doc/bind-9.9.4/sample/var/*
/var/named/chroot/var/
```

```
[root@master chroot]# cp -R /usr/share/doc/bind-9.9.4/sample/etc/*  /var/named/chroot/etc/
[root@master chroot]# cp -R /usr/share/doc/bind-9.9.4/sample/var/*  /var/named/chroot/var/
[root@master chroot]# ls /var/named/chroot/etc/
named  named.conf  named.rfc1912.zones  pki
[root@master chroot]# ls /var/named/chroot/var/
log  named  run  tmp
```

图 10－5　拷贝 bind 文件

提示：若无法拷贝 bind 相关文件，原因之一为版本号与其不匹配。

⑤创建 dynamic 目录，将 bind 文件设置为可写，如图 10－6 所示。

```
[root@master chroot]# cd var/named/
[root@master named]# chmod -R 777 /var/named/chroot/var/named/data/
[root@master named]# mkdir dynamic
[root@master named]# chmod -R 777 /var/named/chroot/var/named/dynamic
```

```
[root@master chroot]# cd var/named/
[root@master named]# chmod -R 777 /var/named/chroot/var/named/data/
[root@master named]# ll
total 24
drwxrwxrwx 2 root root    6 Oct  4 06:26 data
-rw-r--r-- 1 root root   56 Oct  4 06:26 my.external.zone.db
-rw-r--r-- 1 root root   56 Oct  4 06:26 my.internal.zone.db
-rw-r--r-- 1 root root 2076 Oct  4 06:26 named.ca
-rw-r--r-- 1 root root  152 Oct  4 06:26 named.empty
-rw-r--r-- 1 root root  152 Oct  4 06:26 named.localhost
-rw-r--r-- 1 root root  168 Oct  4 06:26 named.loopback
drwxr-xr-x 2 root root   69 Oct  4 06:26 slaves
[root@master named]# mkdir dynamic
[root@master named]# chmod -R 777 /var/named/chroot/var/named/dynamic/
[root@master named]#
```

图 10－6　创建目录并设置权限

⑥将 DNS 服务 named. conf 文件拷贝到 bind－chroot 目录中，如图 10－7 所示。

```
[root@master named]# cp /etc/named.conf /var/named/chroot/etc/named.conf
```

```
[root@master named]# cp /etc/named.conf  /var/named/chroot/etc/named.conf
cp: overwrite '/var/named/chroot/etc/named.conf'? y
[root@master named]#
```

图 10－7　拷贝配置文件

编辑配置文件 named. conf，具体操作命令如下：

```
[root@master chroot]#vi /var/named/chroot/etc/named.conf
//
//named.conf
//
//Provided by Red Hat bind package to configure the ISC BIND named(8) DNS
//server as a caching only nameserver (as a localhost DNS resolver only).
//
```

```
// See /usr/share/doc/bind*/sample/ for example named configuration files.
//

options {
        listen-on port 53 { any; };           //此处需更改为 any
//      listen-on-v6 port 53 { ::1; };
        directory       "/var/named";
        dump-file       "/var/named/data/cache_dump.db";
        statistics-file "/var/named/data/named_stats.txt";
        memstatistics-file "/var/named/data/named_mem_stats.txt";
        allow-query     { any; };

        /*
         - If you are building an AUTHORITATIVE DNS server, do NOT enable recursion.
         - If you are building a RECURSIVE (caching) DNS server, you need to enable
           recursion.
         - If your recursive DNS server has a public IP address, you MUST enable access
           control to limit queries to your legitimate users. Failing to do so will
           cause your server to become part of large scale DNS amplification
           attacks. Implementing BCP38 within your network would greatly
           reduce such attack surface
        */
        recursion yes;

        dnssec-enable yes;
        dnssec-validation yes;

        /* Path to ISC DLV key */
        bindkeys-file "/etc/named.iscdlv.key";

        managed-keys-directory "/var/named/dynamic";

        pid-file "/run/named/named.pid";
        session-keyfile "/run/named/session.key";
};

logging {
        channel default_debug {
                file "data/named.run";
                severity dynamic;
        };
};
zone "test.com" {                    //当前域名
        type master;                 //服务类型
        file "test.com.zon";                    //域名与 IP 地址解析规则保存的文件位置
};

include "/etc/named.rfc1912.zones";
include "/etc/named.root.key";
```

设置 named.conf 文件的用户权限为 named，操作命令如下：

```
[root@master named]# chown named /var/named/chroot/etc/named.conf
```

⑦创建转发域。

拷贝模板文件 named.localhost 到 test.com.zon，操作命令如下：

```
[root@master named]# cp /var/named/named.localhost /var/named/chroot/var/named/test.com.zon
```

编辑 test.com.zon 文件，操作命令如下：

```
[root@master named]# vi test.com.zon
$TTL 1D
$ORIGIN test.com.
@   IN SOA test.com. admin.test.com. (
                2019001 ; serial        //更新序列号
                1D ; refresh
                1H ; retry
                1W ; expire
                3H ; minimum
)
    IN NS ns1.test.com.
ns1 IN A 192.168.100.20
www IN A 192.168.100.20
ftp IN A 192.168.100.20
```

赋予 test.com.zon 所有权限，命令如下：

```
chmod -R 777 test.com.zon
```

⑧检查配置，如图 10-8 所示。

```
[root@master named]# named-checkconf /var/named/chroot/etc/named.conf
[root@master named]# named-checkzone test.com test.com.zon
```

```
[root@master named]# named-checkconf /var/named/chroot/etc/named.conf
[root@master named]# named-checkzone test.com test.com.zon
zone test.com/IN: loaded serial 2019001
OK
[root@master named]#
```

图 10-8　检查配置

⑨配置服务。

设置主机时间，操作命令如下：

```
[root@master named]# date -s 10:20:00
```

关闭 named 服务，取消开机启动，命令如下：

```
[root@master named]# systemctl stop named
```

```
[root@master named]# systemctl disable named
```

设置 bind-chroot 服务开机启动,并重启。

```
[root@master named]# systemctl enable named-chroot
[root@master named]# systemctl restart named-chroot
```

查看 bind-chroot 服务状态,如图 10-9 所示。

```
[root@master named]# systemctl status named-chroot
```

```
[root@master named]#  systemctl status named-chroot
named-chroot.service - Berkeley Internet Name Domain (DNS)
   Loaded: loaded (/usr/lib/systemd/system/named-chroot.service; enabled)
   Active: active (running) since Fri 2019-10-04 15:22:47 UTC; 28min ago
  Process: 11877 ExecStop=/bin/sh -c /usr/sbin/rndc stop > /dev/null 2>&1 || /bin/kill -TERM $MAINPID (code=exited, s
tatus=0/SUCCESS)
  Process: 11650 ExecReload=/bin/sh -c /usr/sbin/rndc reload > /dev/null 2>&1 || /bin/kill -HUP $MAINPID (code=exited
, status=0/SUCCESS)
  Process: 11958 ExecStart=/usr/sbin/named -u named -t /var/named/chroot $OPTIONS (code=exited, status=0/SUCCESS)
  Process: 11953 ExecStartPre=/bin/bash -c if [ ! "$DISABLE_ZONE_CHECKING" == "yes" ]; then /usr/sbin/named-checkconf
 -z /etc/named.conf; else echo "Checking of zone files is disabled"; fi (code=exited, status=0/SUCCESS)
 Main PID: 11959 (named)
   CGroup: /system.slice/named-chroot.service
           └─11959 /usr/sbin/named -u named -t /var/named/chroot -4

Oct 04 15:24:07 master named[11959]: automatic empty zone: 255.255.255.255.IN-ADDR.ARPA
Oct 04 15:24:07 master named[11959]: automatic empty zone: 0.0.0.0.0.0.0.0.0.0.0.0.0.0.0.0.0.0.0.0.....ARPA
Oct 04 15:24:07 master named[11959]: automatic empty zone: D.F.IP6.ARPA
Oct 04 15:24:07 master named[11959]: automatic empty zone: 8.E.F.IP6.ARPA
Oct 04 15:24:07 master named[11959]: automatic empty zone: 9.E.F.IP6.ARPA
Oct 04 15:24:07 master named[11959]: automatic empty zone: A.E.F.IP6.ARPA
Oct 04 15:24:07 master named[11959]: automatic empty zone: B.E.F.IP6.ARPA
Oct 04 15:24:07 master named[11959]: automatic empty zone: 8.B.D.0.1.0.0.2.IP6.ARPA
Oct 04 15:24:07 master named[11959]: reloading configuration succeeded
Oct 04 15:24:07 master named[11959]: any newly configured zones are now loaded
Hint: Some lines were ellipsized, use -l to show in full.
```

图 10-9 查看 bind-chroot 服务状态

⑩配置主机 DNS 服务器。

```
[root@master named]# vi /etc/resolv.conf        /* /etc/resolv.conf 是 DNS 客户机
配置文件,用于设置 DNS 服务器的 IP 地址及 DNS 域名 */
; generated by /usr/sbin/dhclient-script
search openstacklocal localdomain.localdomain
master 192.168.100.20                          //修改为当前主机 IP,master 为当前主机名
```

⑪使用 bind 基本命令重载主配置文件和区域解析库文件,如图 10-10 所示。

```
[root@master named]# rndc reload
[root@master named]# rndc reload test.com
[root@master named]# rndc notify test.com
[root@master named]# rndc reconfig
```

```
[root@master named]# rndc reload
server reload successful
[root@master named]# rndc reload test.com
zone reload up-to-date
[root@master named]# rndc notify test.com
zone notify queued
[root@master named]# rndc reconfig
```

图 10-10 重载文件

4. 测试 DNS 解析

测试 DNS 解析是否正常,如图 10-11 所示。

```
[root@master named]# ping www.test.com
PING www.test.com (192.168.100.20) 56(84) bytes of data.
64 bytes from master (192.168.100.20): icmp_seq=1 ttl=64 time=0.020 ms
64 bytes from master (192.168.100.20): icmp_seq=2 ttl=64 time=0.025 ms
64 bytes from master (192.168.100.20): icmp_seq=3 ttl=64 time=0.030 ms
64 bytes from master (192.168.100.20): icmp_seq=4 ttl=64 time=0.049 ms
64 bytes from master (192.168.100.20): icmp_seq=5 ttl=64 time=0.044 ms
^Z
[4]+  已停止               ping www.test.com
[root@master named]#
```

图 10-11　测试 DNS 解析

任务 10.2　配置主从 DNS

【任务工单】任务工单 10-2：配置主从 DNS

任务名称	配置主从 DNS				
组别		成员		小组成绩	
学生姓名				个人成绩	
任务情境	系统管理员已按照任务 10.1 成功安装 DNS 服务,现请你以系统管理员身份完成主从 DNS 配置。				
任务目标	从服务器可以解析域名。				
任务要求	按本任务后面列出的具体任务内容,完成主从 DNS 服务的配置。				
知识链接					
计划决策					
任务实施	1. 修改配置文件/var/named/chroot/etc/named.conf。 2. 从服务器解析域名。				
检查	从服务器可以解析域名。				
实施总结					
小组评价					
任务点评					

【前导知识】

主从 DNS 服务器

作为重要的互联网基础设施服务,保证 DNS 域名解析服务的正常运转至关重要,只有这样才能提供稳定、快速且不间断的域名查询服务。在 DNS 域名解析服务中，从服务器可以从主服务器上获取指定的区域数据文件，从而起到备份解析记录与负载均衡的作用。因此，通过部署从服务器不仅可以减轻主服务器的负载压力，还可以提升用户的查询效率。

【任务内容】

1. 修改配置文件/var/named/chroot/etc/named.conf。
2. 验证从服务器解析域名。

【任务实施】

1. 配置主从 DNS

①在 master 主 DNS 服务器上操作，修改 master 的 named.conf 配置文件。

```
[root@master chroot]# vim /var/named/chroot/etc/named.conf
//
// named.conf
//
// Provided by Red Hat bind package to configure the ISC BIND named(8) DNS
// server as a caching only nameserver (as a localhost DNS resolver only).
//
// See /usr/share/doc/bind*/sample/ for example named configuration files.
//

options {
        listen-on port 53 { any; };
//      listen-on-v6 port 53 { ::1; };
        directory       "/var/named";
        dump-file       "/var/named/data/cache_dump.db";
        statistics-file "/var/named/data/named_stats.txt";
        memstatistics-file "/var/named/data/named_mem_stats.txt";
        allow-query { any; };

        /*
         - If you are building an AUTHORITATIVE DNS server, do NOT enable recursion.
         - If you are building a RECURSIVE (caching) DNS server, you need to enable
           recursion.
         - If your recursive DNS server has a public IP address, you MUST enable access
           control to limit queries to your legitimate users. Failing to do so will
           cause your server to become part of large scale DNS amplification
           attacks. Implementing BCP38 within your network would greatly
           reduce such attack surface
        */
        recursion yes;

        dnssec-enable yes;
        dnssec-validation yes;
```

```
        /* Path to ISC DLV key */
        bindkeys-file "/etc/named.iscdlv.key";

        managed-keys-directory "/var/named/dynamic";

        pid-file "/run/named/named.pid";
        session-keyfile "/run/named/session.key";
};
logging {
        channel default_debug {
                file "data/named.run";
                severity dynamic;
        };
};


zone "test.com" {
        type master;
        file "test.com.zon";
        allow-transfer {192.168.100.30;};
        notify yes;
        also-notify {192.168.100.30;};
};

include "/etc/named.rfc1912.zones";
include "/etc/named.root.key";
```

②在 master 编辑主服务器解析库文件,添加解析记录,操作命令如下:

```
[root@master chroot]# vim var/named/test.com.zon
$TTL 1D
$ORIGIN test.com.
@     IN SOA test.com. admin.test.com. (
                2019002 ; serial         //该值比修改前的要大,才能同步
                1D ; refresh
                1H ; retry
                1W ; expire
                3H ; minimum
)
      IN NS ns1.test.com.
ns1   IN   A   192.168.100.20
www   IN   A   192.168.100.20
www2  IN   A   192.168.100.20           //添加记录
ftp   IN   A   192.168.100.20
```

③重新加载配置文件,如图 10-12 所示。

```
[root@master chroot]# rndc reload
```

```
[root@master chroot]# rndc reload
server reload successful
[root@master chroot]# tail -f /var/log/messages
Oct  4 16:21:19 localhost named[11959]: automatic empty zone: 9.E.F.IP6.ARPA
Oct  4 16:21:19 localhost named[11959]: automatic empty zone: A.E.F.IP6.ARPA
Oct  4 16:21:19 localhost named[11959]: automatic empty zone: B.E.F.IP6.ARPA
Oct  4 16:21:19 localhost named[11959]: automatic empty zone: 8.B.D.0.1.0.0.2.IP6.ARPA
Oct  4 16:21:19 localhost named[11959]: reloading configuration succeeded
Oct  4 16:21:19 localhost named[11959]: reloading zones succeeded
Oct  4 16:21:19 localhost named[11959]: zone test.com/IN: loaded serial 2019002
Oct  4 16:21:19 localhost named[11959]: zone test.com/IN: sending notifies (serial 2019002)
Oct  4 16:21:19 localhost named[11959]: all zones loaded
Oct  4 16:21:19 localhost named[11959]: running
```

图 10-12 重载配置

④在 slave（从 DNS 服务器）上操作，修改 slave 服务器上的 named.conf 文件，操作命令如下：

```
[root@slave named]# vim /var/named/chroot/etc/named.conf
//
// named.conf
//
// Provided by Red Hat bind package to configure the ISC BIND named(8) DNS
// server as a caching only nameserver (as a localhost DNS resolver only).
//
// See /usr/share/doc/bind*/sample/ for example named configuration files.
//

options {
        listen-on port 53 { any; };
//      listen-on-v6 port 53 { ::1; };
        directory       "/var/named";
        dump-file       "/var/named/data/cache_dump.db";
        statistics-file "/var/named/data/named_stats.txt";
        memstatistics-file "/var/named/data/named_mem_stats.txt";
        allow-query     { any; };

        /*
         - If you are building an AUTHORITATIVE DNS server, do NOT enable recursion.
         - If you are building a RECURSIVE (caching) DNS server, you need to enable
           recursion.
         - If your recursive DNS server has a public IP address, you MUST enable access
           control to limit queries to your legitimate users. Failing to do so will
           cause your server to become part of large scale DNS amplification
           attacks. Implementing BCP38 within your network would greatly
           reduce such attack surface
        */
        recursion yes;

        dnssec-enable yes;
        dnssec-validation yes;

        /* Path to ISC DLV key */
```

```
        bindkeys-file "/etc/named.iscdlv.key";

        managed-keys-directory "/var/named/dynamic";

        pid-file "/run/named/named.pid";
        session-keyfile "/run/named/session.key";
};
logging {
        channel default_debug {
                file "data/named.run";
                severity dynamic;
        };
};


zone "test.com" {
        type slave;
        file "slaves/test.com.zon";
        masters { 192.168.100.20; };
};

include "/etc/named.rfc1912.zones";
include "/etc/named.root.key";
```

⑤设置 slaves 目录权限和目录的所有者为 named 用户,操作命令如下：

```
[root@slave ~]# chmod -R 777 /var/named/chroot/var/named/slaves/
[root@slave ~]# chown -R named:named /var/named/chroot/var/named/slaves/
```

⑥检查语法,并在 master 和 slave 上重启服务。

```
[root@slave ~]# named-checkconf /var/named/chroot/etc/named.conf
[root@slave ~]# systemctl restart named-chroot
```

⑦查看从服务器是否有文件同步进来。

```
[root@slave ~]# ll /var/named/chroot/var/named/slaves/
```

如图 10-13 所示。

```
[root@slave ~]# ll /var/named/chroot/var/named/slaves/
total 12
-rwxrwxrwx 1 named named  56 Oct  4 06:26 my.ddns.internal.zone.db
-rwxrwxrwx 1 named named  56 Oct  4 06:26 my.slave.internal.zone.db
-rw-r--r-- 1 named named 309 Oct  4 16:32 test.com.zon
```

图 10-13 查看 slaves 目录

提示：需修改从服务器的网络参数,把 DNS 地址参数修改成 192.168.100.20。要保证从服务器同步主服务器文件,需 selinux、firewalld 放权。

2. 验证从服务器解析域名功能

在 master 主机上使用从服务器解析（@后面指定 DNS 服务器的地址，即从服务器 IP），解析到 www2.test.com 域名，表明配置成功，如图 10-14 所示。dig 是常用的域名查询工具，可以用来测试域名系统工作是否正常。

```
[root@master named]# dig www2.test.com @192.168.100.30

; <<>> DiG 9.11.4-P2-RedHat-9.11.4-16.P2.el7 <<>> www2.test.com @192.168.100.30
;; global options: +cmd
;; Got answer:
;; ->>HEADER<<- opcode: QUERY, status: NOERROR, id: 8085
;; flags: qr aa rd ra; QUERY: 1, ANSWER: 1, AUTHORITY: 1, ADDITIONAL: 2

;; OPT PSEUDOSECTION:
; EDNS: version: 0, flags:; udp: 4096
;; QUESTION SECTION:
;www2.test.com.                 IN      A

;; ANSWER SECTION:
www2.test.com.          86400   IN      A       192.168.100.20

;; AUTHORITY SECTION:
test.com.               86400   IN      NS      ns1.test.com.

;; ADDITIONAL SECTION:
ns1.test.com.           86400   IN      A       192.168.100.20

;; Query time: 0 msec
;; SERVER: 192.168.100.30#53(192.168.100.30)
;; WHEN: 二 7月 19 11:17:03 CST 2022
;; MSG SIZE rcvd: 92
```

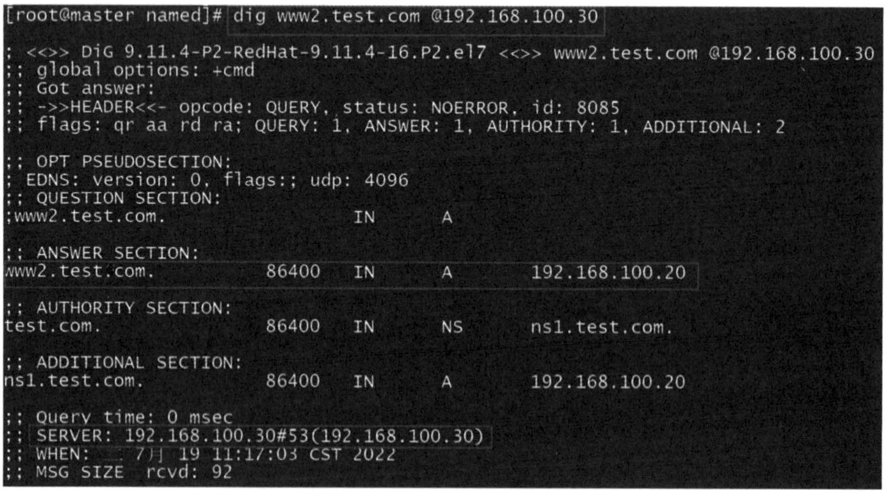

图 10-14　测试从节点解析

【知识考核】

1. 填空题

（1）在 Internet 上，计算机之间直接利用 IP 地址进行寻址，因而需要将用户提供的主机名转换成 IP 地址，把这个过程称为_____。

（2）DNS 提供了一个_____的命名方案。

（3）DNS 顶级域名中表示商业组织的是_____。

（4）_____表示主机的资源记录，_____表示别名的资源记录。

（5）写出可以用来检测 DNS 资源创建得是否正确的两个工具是_____、_____。

（6）DNS 服务器的查询模式有：_____、_____。

（7）DNS 服务器分为四类：_____、_____、_____、_____。

（8）一般在 DNS 服务器之间的查询请求属于_____查询。

2. 选择题

（1）在 Linux 环境下，能实现域名解析的功能软件模块是（　　）。

A. apache　　　B. dhcpd　　　C. BIND　　　D. SQUID

（2）www.163.com 是 Internet 中主机的（　　）。

A. 用户名　　　B. 密码　　　C. 别名　　　D. IP 地址

E. FQDN

（3）在 DNS 服务器配置文件中，A 类资源记录的意思是（　　）。

A. 官方信息　　　　　　　　B. IP 地址到名字的映射

C. 名字到 IP 地址的映射　　　D. 一个 name server 的规范

（4）在 Linux DNS 系统中，根服务器提示文件是（　　）。

A. /etc/named.ca　　　　　　B. /var/named/named.ca

C. /var/named/named.local　　D. /etc/named.local

（5）DNS 指针记录的标志是（　　）。

A. A　　　　　B. PTR　　　　C. CNAME　　　D. NS

3. 简答题

（1）描述一下域名空间的有关内容。

（2）简述 DNS 域名解析的工作过程。

（3）简述常用的资源记录有哪些。

（4）如何排除 DNS 故障？

4. 实践题

企业采用多个区域管理各部门网络，技术部属于"tech.com"域，市场部属于"mart.com"域，其他人员属于"other.com"域。技术部门共有 180 人，采用的 IP 地址为 192.168.1.1 ~ 192.168.1.200。市场部门共有 80 人，采用 IP 地址为 192.168.2.1 ~ 192.168.2.100。其他人员只有 30 人，采用 IP 地址为 192.168.3.1 ~ 192.168.3.50。现采用一台 CentOS 7 主机搭建 DNS 服务器，其 IP 地址为 192.168.1.254，要求这台 DNS 服务器可以完成内网所有区域的正/反向解析，并且所有员工均都可以访问外网地址。

请写出详细解决方案，并上机实现。

项目 11

配置与管理FTP服务

【项目导读】

文件传输协议（File Transfer Protocol，FTP）是用于在网络上进行文件传输的一套标准协议，它工作在 OSI 模型的第七层，TCP 模型的第四层，即应用层，使用 TCP 传输而不是 UDP，客户在和服务器建立连接前，要经过"三次握手"的过程，保证客户与服务器之间的连接是可靠的，而且是面向连接，为数据传输提供可靠保证。

FTP 允许用户以文件操作的方式（如文件的增、删、改、查、传送等）与另一台主机相互通信。然而，用户并不真正登录到自己想要存取的计算机上面而成为完全用户，可用 FTP 程序访问远程资源，实现用户往返传输文件、目录管理以及访问电子邮件等，即使双方计算机可能配有不同的操作系统和文件存储方式。

FTP 服务器是按照 FTP 协议在互联网上提供文件存储和访问服务的主机，FTP 客户端则是向服务器发送连接请求，以建立数据传输链路的主机。FTP 协议有下面两种工作模式，在学习防火墙服务配置时曾经讲过，防火墙一般用于过滤从外网进入内网的流量，因此有些时候需要将 FTP 的工作模式设置为主动模式，才可以传输数据。

【项目目标】

- 理解 FTP 协议模型；
- 掌握 FTP 的数据传输模式及使用场合；
- 学会配置各种 FTP 服务器。

【项目地图】

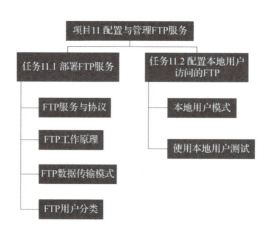

任务 11.1　部署 FTP 服务

【任务工单】任务工单 11-1：部署 FTP 服务

任务名称	部署 FTP 服务			
组别		成员	小组成绩	
学生姓名			个人成绩	
任务情境	用户需要采用 FTP 服务实现计算机之间的文件传输、资源共享，现请你以系统管理员身份帮助用户完成 FTP 服务的部署工作。			
任务目标	掌握 FTP 服务的部署。			
任务要求	按本任务后面列出的具体任务内容，完成 FTP 服务的部署工作。			
知识链接				
计划决策				
任务实施	1. 使用本地源安装 FTP 的步骤。 安装命令： 　`# yum install vsftpd -y` 2. 测试是否实现计算机间文件的上传/下载。			
检查	FTP 服务实现计算机间文件传输。			
实施总结				
小组评价				
任务点评				

【前导知识】

FTP 相关概念

1. FTP 服务与协议

文件传输协议（File Transfer Protocol，FTP）是用于在网络上进行文件传输的一套标准协议，使用客户端/服务器模式。它属于网络传输协议的应用层。

FTP 服务器（File Transfer Protocol Server）是在互联网上提供文件存储和访问服务的计算机，它们依照 FTP 协议提供服务。简单地说，支持 FTP 协议的服务器就是 FTP 服务器。

2. FTP 工作原理

FTP 采用 Internet 标准文件传输协议的用户界面，向用户提供了一组用来管理计算机之间文件传输的应用程序。

FTP 是基于客户端/服务器（C/S）模型而设计的，在客户端与 FTP 服务器之间建立两条连接。开发任何基于 FTP 的客户端软件都必须遵循 FTP 的工作原理。FTP 的独特的优势同时也是与其他客户服务器程序最大的不同点就在于它在两台通信的主机之间使用了两条 TCP 连接：一条是数据连接，用于数据传送；另一条是控制连接，用于传送控制信息（命令和响应），这种将命令和数据分开传送的思想大大提高了 FTP 的效率，而其他客户服务器应用程序一般只有一条 TCP 连接。图 11-1 给出了 FTP 的基本模型。客户有三个构件：用户接口、客户控制进程和客户数据传送进程。服务器有两个构件：服务器控制进程和服务器数据传送进程。在整个交互的 FTP 会话中，控制连接始终是处于连接状态的，数据连接则在每一次文件传送时先打开后关闭。

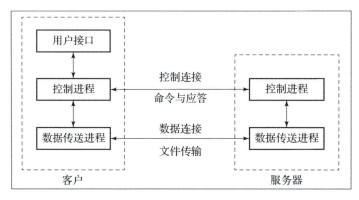

图 11-1　FTP 的基本模型

3. FTP 数据传输模式

FTP 客户端发起 FTP 会话，与 FTP 服务器建立相应的连接。FTP 会话期间要建立控制信息进程与数据进程两个连接。控制连接不能完成传输数据的任务，只能用来传送 FTP 执行的内部命令以及命令的响应等控制信息；数据连接是服务器与客户端之间传输文件的连接，是全双工的，允许同时进行双向数据传输。当数据传输完成后，数据连接会撤销，再回到 FTP 会话状态，直到控制连接被撤销，并退出会话为止。

FTP 支持两种模式：Standard（PORT，主动方式）、Passive（PASV，被动方式）。

（1）PORT 模式

FTP 客户端首先和服务器的 TCP 21 端口建立连接，用来发送命令，客户端需要接收数据的时候，在这个通道上发送 PORT 命令。PORT 命令包含了客户端用什么端口接收数据。在传送数据的时候，服务器端通过自己的 TCP 20 端口连接至客户端的指定端口发送数据。FTP Server 必须和客户端建立一个新的连接用来传送数据。

（2）Passive 模式

建立控制通道和 Standard 模式类似，但建立连接后发送 PASV 命令。服务器收到

PASV 命令后，打开一个临时端口（端口号大于 1 023 小于 65 535），并且通知客户端在这个端口上传送数据的请求，客户端连接 FTP 服务器此端口，FTP 服务器将通过这个端口传送数据。

很多防火墙在设置的时候都是不允许接受外部发起的连接的，所以许多位于防火墙后或内网的 FTP 服务器不支持 PASV 模式，因为客户端无法穿过防火墙打开 FTP 服务器的高端端口；而许多内网的客户端不能用 PORT 模式登录 FTP 服务器，因为从服务器的 TCP 20 无法和内部网络的客户端建立一个新的连接，造成无法工作。

4. FTP 用户分类

（1）Real 账户

这类用户是指在 FTP 服务上拥有账号。当这类用户登录 FTP 服务器的时候，其默认的主目录就是其账号命名的目录。但是，其还可以变更到其他目录中去。如系统的主目录等。

（2）Guest 用户

在 FTP 服务器中，往往会给不同的部门或者某个特定的用户设置一个账户。但是，这个账户有一个特点，就是其只能够访问自己的主目录。服务器通过这种方式来保障 FTP 服务上其他文件的安全性。这类账户在 vsftpd 软件中就叫作 Guest 用户。拥有这类用户的账户，只能够访问其主目录下的目录，而不得访问主目录以外的文件。

（3）Anonymous 用户

这也是通常所说的匿名访问。这类用户在 FTP 服务器中没有指定账户，但是其仍然可以匿名访问某些公开的资源。

在组建 FTP 服务器的时候，需要根据用户的类型对用户进行归类。默认情况下，vsftpd 服务器会把建立的所有账户都归属为 Real 用户，但是这往往不符合企业安全的需要，因为这类用户不仅可以访问自己的主目录，还可以访问其他用户的目录，这就给其他用户所在的空间带来一定的安全隐患。所以，企业要根据实际情况修改用户所在的类别。

【任务内容】

1. FTP 服务的安装。
2. FTP 配置与使用。

【任务实施】

1. 规划节点

Linux 操作系统的单节点规划，见表 11-1。

表 11-1　节点规划

IP	主机名	节点
192.168.100.20	master	Linux 服务器节点

2. 配置 YUM 源

回到 VMware Workstation 界面，将 CD 设备进行连接，右击打开快捷菜单，选择 "可移动设备" → "CD/DVD（IDE）" → "连接" 命令，如图 11-2 所示。

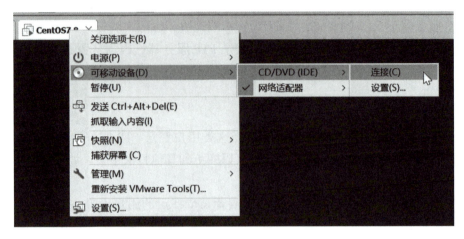

图 11-2　连接 CD 设备

回到虚拟机界面，将 CD 设备挂载到/opt/centos（可自行创建）目录下，命令如下：

```
[root@master ~]# mount /dev/cdrom /opt/centos
mount: /dev/sr0 is write-protected, mounting read-only
[root@master ~]# ll /opt/centos
total 636
dr-xr-xr-x. 3 root root 2048 Dec
……
```

配置本地 YUM 源文件，先将/etc/yum.repos.d/下的文件移走，然后创建 local.repo 文件，命令如下：

```
[root@master ~]# mv /etc/yum.repos.d/* /media/
[root@master ~]# vi /etc/yum.repos.d/local.repo
[root@master ~]# cat /etc/yum.repos.d/local.repo
[centos7]
name=centos7
baseurl=file:///opt/centos
gpgcheck=0
enabled=1
```

至此，YUM 源配置完毕。

3. 安装 FTP 服务

安装 FTP 服务，设置允许匿名用户访问 ftp 资源，使用命令安装 FTP 服务，命令如下：

```
[root@master ~]# yum install vsftpd -y
```

安装完成后，编辑 FTP 服务的配置文件，在配置文件的最上面添加一行代码，命令如下：

```
[root@master ~]# vi /etc/vsftpd/vsftpd.conf
[root@master ~]# cat /etc/vsftpd/vsftpd.conf
anon_root = /opt      //设置 ftp 匿名路径为 /opt
# Example config file /etc/vsftpd/vsftpd.conf
……
……
```

安装网络工具服务 net-tools：

```
[root@master ~]# yum install -y net-tools
```

启动 vsftpd 服务，命令如下：

```
[root@master ~]# systemctl start vsftpd
[root@master ~]# netstat -ntpl
Active Internet connections (only servers)
Proto Recv-Q Send-Q Local Address
LISTEN       1444/httpd              tcp6       0       0 :::21
```

使用 netstat -ntpl 命令可以看到 vsftpd 的 21 端口。

在使用浏览器访问 FTP 服务之前，还需要关闭 SELinux 和防火墙，命令如下：

```
[root@master ~]# setenforce 0
[root@master ~]# systemctl stop firewalld
```

4. 测试 FTP 服务

使用浏览器访问 ftp://192.168.100.20，如图 11-3 所示。

图 11-3　FTP 界面

可以查看到 /opt 目录下的文件，都被 FTP 服务成功共享。

进入虚拟机的 /opt 目录，创建 xcloud.txt 文件。刷新浏览器界面，可以看到新创建的文件，如图 11-4 所示。

图 11-4　刷新的 FTP 界面

关于 FTP 服务的使用，简单来说，就是将用户想共享的文件或者软件包放入共享目录即可。

任务 11.2　配置本地用户访问的 FTP

【任务工单】任务工单 11-2：配置本地用户访问的 FTP

任务名称	配置本地用户访问的 FTP			
组别		成员	小组成绩	
学生姓名			个人成绩	
任务情境	用户需要采用 FTP 服务实现计算机之间的文件传输、资源共享，现请你以系统管理员身份帮助用户完成 FTP 服务的部署工作。			
任务目标	掌握 FTP 服务的部署。			
任务要求	按本任务后面列出的具体任务内容，完成 FTP 服务的部署工作。			
知识链接				
计划决策				
任务实施	配置本地用户访问的 FTP。			
检查	本地用户访问的 FTP。			
实施总结				
小组评价				
任务点评				

【前导知识】

本地用户模式

本地用户模式是通过 Linux 系统本地的账户密码信息进行认证的模式，其相较于匿名开放模式更安全，而且配置起来也很简单。但是如果骇客破解了账户的信息，就可以畅通无阻地登录 FTP 服务器，从而完全控制整台服务器。

项目 11　配置与管理 FTP 服务

【任务内容】

1. 配置本地用户访问的 FTP；
2. 测试本地用户访问的 FTP。

【任务实施】

1. 需求

某学校现有一台 FTP 和 Web 服务器，FTP 主要用于维护学校的 Web 网站内容，包括上传文件、创建目录、更新网页等。学校现有两个部门负责维护任务，并分别使用 user1 和 user2 账号进行管理。先要求仅允许 user1 和 user2 账号登录 FTP 服务器，但不能登录本地系统，并将这两个账号的根目录限制为/var/www/html，不能进入该目录以外的任何目录。

2. 配置本地用户访问 FTP 步骤

①建立维护网站内容的本地用户 user1 和 user2 并禁止本地登录，然后设置其密码。

```
[root@master ~]# useradd -s /sbin/nologin user1
[root@master ~]# useradd -s /sbin/nologin user2
[root@master ~]# passwd user1
[root@master ~]# passwd user2
```

②创建上传根目录，并修改其权限。

```
[root@master ~]## mkdir -p /var/www/html              //创建目录
[root@master ~]# ll -d /var/www/html                  //显示目录属性
drwxr-xr-x 2 root root 4096 11-14 18:46 /var/www/html
[root@master ~]# chmod -R o+w /var/www/html           //修改目录权限
[root@master ~]# ll -d /var/www/html                  //显示目录属性
drwxr-xrwx 2 root root 4096 11-14 18:46 /var/www/html
[root@master ~]# echo "this is www.test.com web" > /var/www/html/index.html
```

③修改安全上下文，使上传根目录具有写入（上传）的功能。

```
[root@master ~]# chcon -t public_content_rw_t /var/www/html
```

④配置 vsftpd.conf 主配置文件并作相应修改。

```
[root@master ~]# vim /etc/vsftpd/vsftpd.conf
//查找或添加以下行并修改之,其他配置行保持默认
anonymous_enable=NO              //禁止匿名用户登录
local_enable=YES                 //允许本地用户登录
write_enable=YES
```

```
local_umask=022
local_root=/var/www/html              //设置本地用户的根目录为/var/www/html
chroot_local_user=YES
chroot_list_enable=YES                //开启能锁定用户的chroot功能
chroot_list_file=/etc/vsftpd/chroot_list    //设置锁定用户在根目录中的列表文件
userlist_enable=YES
//保存退出
```

⑤建立/etc/vsftpd/chroot_list 文件，添加 user1 和 user2 账号。

```
[root@master ~]# vim /etc/vsftpd/chroot_list
user1
user2
```

⑥修改 SELinux 允许本地用户登录。

```
[root@master ~]# getsebool -a |grep ftp    //查看与ftp有关的所有SElinux的布尔值
[root@master ~]# setsebool -P ftp_home_dir on
```

⑦重启 vsftpd 服务使配置生效；开启 21 号端口。

```
[root@master ~]# service vsftpd restart
[root@master ~]# firewall-cmd --permanent --zone=public --add-port=21/tcp
[root@master ~]# firewall-cmd --permanent --zone=public --add-service=ftp
[root@master ~]# firewall-cmd --reload
```

⑧在 Windows 的 cmd 字符界面测试。

```
C:\Users\Administrator>ftp 192.168.100.20
连接到 192.168.100.20。
220 (vsFTPd 3.0.2)
200 Always in UTF8 mode.
用户(192.168.100.20:(none)): user1
331 Please specify the password.
密码:
230 Login successful.
ftp> ls
200 PORT command successful. Consider using PASV.
150 Here comes the directory listing.
226 Directory send OK.
ftp: 收到 17 字节,用时 0.01 秒 3.40 千字节/秒。
```

【知识考核】

1. 填空题

（1）FTP 服务就是_____服务，FTP 的中文全称是_____。

（2）FTP 服务通过使用一个共同的用户名_____，密码不限的管理策略，让任何用户都可以很方便地从这些服务器上下载软件。

(3) FTP 服务有两种工作模式：_____ 和 _____。

(4) FTP 命令的格式如下：_____。

2. 选择题

(1) ftp 命令的（　　）参数可以与指定的机器建立连接。

A. connect　　　　B. close　　　　C. cdup　　　　D. open

(2) FTP 服务使用的端口是（　　）。

A. 21　　　　B. 23　　　　C. 25　　　　D. 53

(3) 从 Internet 上获得软件最常采用的是（　　）。

A. WWW　　　　B. telnet　　　　C. FTP　　　　D. DNS

(4) 一次下载多个文件用（　　）命令。

A. mget　　　　B. get　　　　C. put　　　　D. mput

(5)（　　）不是 FTP 用户的类别。

A. real　　　　B. anonymous　　　　C. guest　　　　D. users

3. 简答题

(1) 简述 FTP 的工作原理。

(2) 简述 FTP 服务的传输模式。

(3) 简述常用的 FTP 软件。

4. 实践题

(1) 在 VMware 虚拟机中启动一台 Linux 服务器作为 vsftpd 服务器，在该系统中添加用户 user1 和 user2。

确保系统安装了 vsftpd 软件包。

设置匿名账号具有上传、创建目录的权限。

利用/etc/vsftpd/ftpusers 文件设置禁止本地 user1 用户登录 ftp 服务器。

设置本地用户 user2 登录 FTP 服务器之后，在进入 dir 目录时，显示提示信息 "welcome to user directory！"。

设置将所有本地用户都锁定在/home 目录中。

设置只有在/etc/vsftpd/user_list 文件中指定本地用户 user1 和 user2 可以访问 FTP 服务器，其他用户都不可以。

配置基于主机的访问控制，实现如下功能：

①拒绝 192.168.20.0/24 访问。

②对 192.168.10.0/24 内的主机不做连接数和最大传输速率限制。

③对其他主机的访问，限制每 IP 的连接数为 3，最大传输速率为 1 000 kB/s。

(2) 建立仅允许本地用户访问的 vsftp 服务器，并完成以下任务。

禁止匿名用户访问。

建立 test1 和 test2 账号，并具有读写权限。

使用 chroot 限制 test1 和 test2 账号在/home 目录中。

项目 12

配置与管理Apache服务

【项目导读】

本项目先介绍 Web 服务程序以及 Web 服务程序的用处，然后通过对比当前主流的 Web 服务程序来更好地理解其各自的优势及特点，最后通过对 httpd 服务程序中"全局配置参数""区域配置参数"及"注释信息"的理论讲解和实战部署，学习 Web 服务程序的配置方法，并真正掌握在 Linux 系统中配置服务的技巧。

【项目目标】

➢ 掌握 Web 组件的组成；
➢ 熟悉 Apache 的特性、结构和运行机制；
➢ 掌握 Apache 的安装、启动与停止；
➢ 熟悉 Apache 的配置文件语法。

【项目地图】

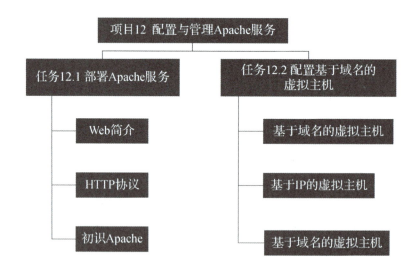

任务 12.1　部署 Apache 服务

【任务工单】任务工单 12-1：部署 Apache 服务

任务名称	部署 Apache 服务				
组别		成员		小组成绩	
学生姓名				个人成绩	
任务情境	用户需要采用 Apache 服务部署 Web 网站，现请你以系统管理员身份帮助用户完成 Apache 服务的部署工作。				
任务目标	掌握 Apache 服务的部署。				
任务要求	按本任务后面列出的具体任务内容，完成 Apache 服务的部署工作。				
知识链接					
计划决策					
任务实施	1. 使用本地源安装 Apache 的步骤。 安装命令： 　`# yum install httpd -y` 2. 测试 Web 网站。				
检查	Apache 服务实现计算机间文件传输。				
实施总结					
小组评价					
任务点评					

【前导知识】

一、Web 简介

1. Web 服务的概念

Web 服务是一个平台独立的，低耦合的，自包含的，基于可编程的 Web 的应用程序，可使用开放的 XML（标准通用标记语言下的一个子集）标准来描述、发布、发现、协调和配置这些应用程序，用于开发分布式的交互操作的应用程序。

Web 服务技术能使得运行在不同机器上的不同应用无须借助附加的、专门的第三方软件或硬件，就可相互交换数据或集成。依据 Web 服务规范实施的应用之间，无论它们所使用的语言、平台或内部协议是什么，都可以相互交换数据。Web 服务是自描述、自包含的可用网络模块，可以执行具体的业务功能。Web 服务也很容易部署，因为它们基于一些常规的产业标准以及已有的一些技术，诸如标准通用标记语言下的子集 XML、HTTP。Web 服务减少了应用接口的花费。Web 服务为整个企业甚至多个组织之间的业务流程的集成提供了一个通用机制。

2. Web 服务特点

（1）Web 服务的高度通用性

Web 服务既然是一种部署在 Web 上的对象，自然具备对象的良好封装性，对于使用者而言，他能且仅能看到该对象提供的功能列表，而不必考虑 Web 服务对象的内部组成，因此有易用性。Web 服务对象内封装的都是一些通用功能，因此也具有高度的复用性。

（2）完全的平台、语言独立性

Web 服务对象具有松散耦合的特性，这一特征也是源于对象/组件技术，当一个 Web 服务的实现发生变更的时候，调用者是不会感到这一点的，对于调用者来说，只要 Web 服务的调用界面不变，Web 服务实现的任何变更对他们来说都是透明的，甚至是当 Web 服务的实现平台从 J2EE 迁移到了.NET 或者是相反的迁移流程，用户都可能对此一无所知。其实现的核心在于使用 XML/SOAP 作为消息交换协议，也就是说，Web 服务因此具有语言的独立性。

作为 Web 服务，其协约必须使用开放的标准协议（比如 HTTP、SMTP 等）进行描述、传输和交换。这些标准协议应该完全免费，以便由任意平台都能够实现。一般而言，绝大多数规范将最终有 W3C 或 OASIS 作为最终版本的发布方和维护方，因此 Web 服务也拥有了平台独立性。

（3）高度可集成性

由于 Web 服务采取简单的、易理解的标准 Web 协议作为组件界面描述和协同描述规范，完全屏蔽了不同软件平台的差异，无论是 CORBA、DCOM 还是 EJB，都可以通过这一种标准的协议进行互操作，实现了在当前环境下最高的可集成性。

二、HTTP 协议

1. HTTP 协议定义

超文本传输协议（Hyper Text Transfer Protocol，HTTP）是一个简单的请求－响应协议，它通常运行在 TCP 之上。它指定了客户端可能发送给服务器什么样的消息以及得到什么样的响应。请求和响应消息的头以 ASCII 形式给出；而消息内容则具有一个类似 MIME 的格式。这个简单模型是早期 Web 成功的有功之臣，因为它使开发和部署非常得直截了当。

HTTP 是一个属于应用层的面向对象的协议，由于其简捷、快速的方式，适用于分布式超媒体信息系统。它于 1990 年提出，经过几年的使用与发展，得到不断完善和扩展。目前在 WWW 中使用的是 HTTP 1.0 的第六版，HTTP 1.1 的规范化工作正在进行之中，而且 HTTP－NG（Next Generation of HTTP）的建议已经提出。

2. HTTP 协议的主要特点

①支持客户端/服务器模式。

②简单快速：客户向服务器请求服务时，只需传送请求方法和路径。请求方法常用的有

GET、HEAD、POST。每种方法规定了客户与服务器联系的类型不同。由于 HTTP 协议简单，使得 HTTP 服务器的程序规模小，因而通信速度很快。

③灵活：HTTP 允许传输任意类型的数据对象。正在传输的类型由 Content – Type 加以标记。

④无连接：无连接的含义是限制每次连接只处理一个请求。服务器处理完客户的请求，并收到客户的应答后，即断开连接。采用这种方式可以节省传输时间。

⑤无状态：HTTP 协议是无状态协议。无状态是指协议对于事务处理没有记忆能力。缺少状态意味着如果后续处理需要前面的信息，则它必须重传，这样可能导致每次连接传送的数据量增大。另外，在服务器不需要先前信息时，它的应答就较快。

3. HTTP 工作原理

HTTP 是基于客户端/服务器模式，且面向连接的。典型的 HTTP 事务处理有如下的过程：
①客户与服务器建立连接。
②客户向服务器提出请求连接。
③服务器接受请求，并根据请求返回相应的文件作为应答。
④客户与服务器关闭连接。

客户与服务器之间的 HTTP 连接是一种一次性连接，它限制每次连接只处理一个请求，当服务器返回本次请求的应答后，便立即关闭连接，下次请求再重新建立连接。这种一次性连接主要考虑到 WWW 服务器面向的是 Internet 中成千上万个用户，并且只能提供有限个连接，故服务器不会让一个连接处于等待状态，及时地释放连接可以大大提高服务器的执行效率。

HTTP 是一种无状态协议，即服务器不保留与客户交易时的任何状态。这就大大减轻了服务器记忆负担，从而保持较快的响应速度。HTTP 是一种面向对象的协议，允许传送任意类型的数据对象。它通过数据类型和长度来标识所传送的数据内容和大小，并允许对数据进行压缩传送。当用户在一个 HTML 文档中定义了一个超文本链后，浏览器将通过 TCP/IP 协议与指定的服务器建立连接。

HTTP 支持持久连接，在 HTTP 0.9 和 HTTP 1.0 中，连接在单个请求/响应对之后关闭。在 HTTP 1.1 中，引入了保持活动机制，其中连接可以用于多个请求。这样的持久性连接可以明显减少请求延迟，因为在发送第一个请求之后，客户端不需要重新协商 TCP 3 – Way – Handshake 连接。另一个积极的副作用是，通常，由于 TCP 的缓慢启动机制，连接速度随着时间的推移而变得更快。

该协议的 1.1 版还对 HTTP 1.0 进行了带宽优化改进。例如，HTTP 1.1 引入了分块传输编码，以允许流传输而不是缓冲持久连接上的内容。HTTP 流水线进一步减少了延迟时间，允许客户端在等待每个响应之前发送多个请求。协议的另一项附加功能是字节服务，即服务器仅传输客户端明确请求的资源部分。

从技术上讲，是客户在一个特定的 TCP 端口（端口号一般为 80）上打开一个套接字。如果服务器一直在这个周知的端口上倾听连接，则该连接便会建立起来。然后客户通过该连接发送一个包含请求方法的请求块。

HTTP 规范定义了 9 种请求方法，每种请求方法规定了客户和服务器之间不同的信息交换方式，常用的请求方法是 GET 和 POST。服务器将根据客户请求完成相应操作，并以应答块形式返回给客户，最后关闭连接。

三、初识 Apache

1. Apache 的概念

Apache HTTP Server（简称 Apache）是 Apache 软件基金会的一个开放源代码的网页服务器，可以在大多数计算机操作系统中运行，由于其多平台和安全性被广泛使用，是最流行的 Web 服务器端软件之一。它快速、可靠并且可通过简单的 API 扩展，将 Perl/Python 等解释器编译到服务器中。

Apache HTTP 服务器是一个模块化的服务器，源于 NCSAhttpd 服务器，经过多次修改，成为世界使用排名第一的 Web 服务器软件。它可以运行在几乎所有广泛使用的计算机平台上。

Apache 源于 NCSAhttpd 服务器，经过多次修改，成为世界上最流行的 Web 服务器软件之一。Apache 取自"a patchy server"的读音，意思是充满补丁的服务器，因为它是自由软件，所以不断有人来为它开发新的功能、新的特性、修改原来的缺陷。Apache 的特点是简单、速度快、性能稳定，并可作代理服务器来使用。

2. Apache 特性

①支持最新的 HTTP/1.1 通信协议。
②拥有简单而强有力的基于文件的配置过程。
③支持通用网关接口。
④支持基于 IP 和基于域名的虚拟主机。
⑤支持多种方式的 HTTP 认证。
⑥集成 Perl 处理模块。
⑦集成代理服务器模块。
⑧支持实时监视服务器状态和定制服务器日志。
⑨支持服务器端包含指令（SSI）。
⑩支持安全 Socket 层（SSL）。
⑪提供用户会话过程的跟踪。
⑫支持 FastCGI。
⑬通过第三方模块可以支持 JavaServlets。

3. 发展历史

Apache 起初由伊利诺伊大学香槟分校的国家超级电脑应用中心（NCSA）开发。此后，Apache 被开放源代码团体的成员不断地发展和加强。Apache 服务器拥有牢靠可信的美誉，已用在超过半数的因特网站中，特别是几乎所有最热门和访问量最大的网站。

Apache 最开始是 Netscape 网页服务器之外的开放源代码选择。后来它在功能和速度上超越其他基于 UNIX 的 HTTP 服务器。1996 年 4 月以来，Apache 一直是 Internet 上最流行的 HTTP 服务器；1999 年 5 月，它在 57% 的网页服务器上运行；到了 2005 年 7 月，这个比例上升到了69%；在2005年11月的时候，达到接近70%的市占率。不过，随着拥有大量域名数量的主机域名商转换为微软IIS平台，Apache市占率近年来呈现些微下滑。而Google自己的网页服务器平台GWS推出后，加上Lighttpd这个轻量化网页服务器软件使用的网站慢慢增加，反映在整体网页服务器市占率上，根据netcraft在2007年7月的最新统计数据，Apache的市占率已经降为52.65%，8月时又滑落到50.92%。尽管如此，它仍旧是现阶段因特网市场上市占率最高的网页服务器软件。

广泛的解释是（也是最显而易见的）：这个名字来自这么一个事实，即当Apache在1995年年初开发的时候，它是由当时最流行的HTTP服务器NCSA HTTPd 1.3的代码修改而成的，因此是"一个修补的（a patchy）"服务器。然而在服务器官方网站的FAQ中是这么解释的："'Apache'这个名字是为了纪念名为Apache（印地语）的美洲印第安人土著的一支，众所周知，他们拥有高超的作战策略和无穷的耐性。"无论如何，Apache 2.x分支不包含任何NCSA的代码。

【任务内容】

1. Apache服务的安装。
2. Apache配置与使用。

【任务实施】

1. 网站服务程序

平时访问的网站服务就Web网络服务，一般是指允许用户通过浏览器访问到互联网中各种资源的服务。如图12-1所示，Web网络服务是一种被动访问的服务程序，即只有接收

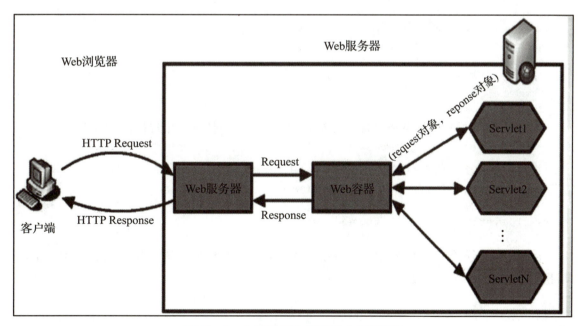

图12-1 主机与Web服务器之间的通信

到互联网中其他主机发出的请求后才会响应，最终用于提供服务程序的 Web 服务器会通过 HTTP（超文本传输协议）或 HTTPS（安全超文本传输协议）把请求的内容传送给用户。

Apache 程序是目前拥有很高市场占有率的 Web 服务程序之一，其跨平台和安全性广泛被认可，并且拥有快速、可靠、简单的 API 扩展。Apache 服务程序可以运行在 Linux 系统、UNIX 系统甚至是 Windows 系统中，支持基于 IP、域名及端口号的虚拟主机功能，支持多种认证方式，集成有代理服务器模块、安全 Socket 层（SSL），能够实时监视服务状态与定制日志消息，并有着各类丰富的模块支持。

YUM 软件仓库的配置过程如下：

①把系统镜像挂载到 /media/cdrom 目录。

```
[root@centos ~]# mkdir -p /media/cdrom
[root@centos ~]# mount /dev/cdrom /media/cdrom
mount: /media/cdrom: WARNING: device write-protected, mounted read-only.
```

②使用 vi/vim 文本编辑器创建软件仓库的配置文件。

```
[root@centos ~]# vim /etc/yum.repos.d/local.repo
[BaseOS]
name=BaseOS
baseurl=file:///media/cdrom
enabled=1
gpgcheck=0
```

③安装 Apache 服务程序。

```
[root@centos ~]# yum install httpd -y
Updating Subscription Management repositories.
Unable to read consumer identity
……
Complete!
```

④启用 httpd 服务程序并将其加入开机启动项中，从而持续为用户提供 Web 服务。

```
[root@centos ~]# systemctl start httpd
[root@centos ~]# systemctl enable httpd
Created symlink /etc/systemd/system/multi-user.target.wants/httpd.service → /usr/lib/systemd/system/httpd.service.
```

在 Firefox 浏览器的地址栏中输入 http://127.0.0.1 并按回车键，就可以看到用于提供 Web 服务的默认页面了，如图 12-2 所示。

```
[root@centos ~]# firefox
```

项目 12　配置与管理 Apache 服务

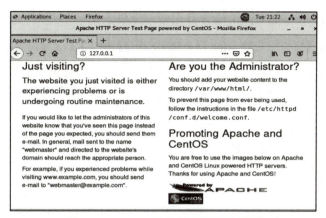

图 12 – 2　httpd 服务程序的默认页面

2. 配置服务文件参数

在 Linux 系统中配置服务，就是修改服务的配置文件，因此，还需要知道这些配置文件所在的位置以及用途。httpd 服务程序的主要配置文件及存放位置见表 12 – 1。

表 12 – 1　Linux 系统中的配置文件

作用	文件名称
服务目录	/etc/httpd
主配置文件	/etc/httpd/conf/httpd.conf
网站数据目录	/var/www/html
访问日志	/var/log/httpd/access_log
错误日志	/var/log/httpd/error_log

主配置文件中保存的是最重要的服务参数，一般配置文件都存放在/etc 目录中，以软件名称命名的一个目录，例如这里的 "/etc/httpd/conf/httpd.conf"，熟练后就能记住了。

在 http 服务程序的主配置文件中，存在三种类型的信息：注释行信息、全局配置、区域配置，如图 12 – 3 所示。

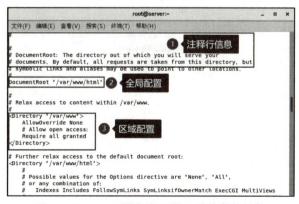

图 12 – 3　httpd 服务主配置文件的参数结构

在 httpd 服务程序主配置文件中最为常用的参数见表 12-2。

表 12-2 配置 httpd 服务程序时最常用的参数以及用途描述

参数	作用
ServerRoot	服务目录
ServerAdmin	管理员邮箱
User	运行服务的用户
Group	运行服务的用户组
ServerName	网站服务器的域名
DocumentRoot	网站数据目录
Listen	监听的 IP 地址与端口号
DirectoryIndex	默认的索引页页面
ErrorLog	错误日志文件
CustomLog	访问日志文件
Timeout	网页超时时间，默认为 300 s

从表 12-2 中可知，DocumentRoot 参数用于定义网站数据的保存路径，其参数的默认值是把网站数据存放到/var/www/html 目录中；而当前网站普遍的首页面名称是 index.html，因此可以向/var/www/html/index.html 文件中写入一段内容，替换掉 httpd 服务程序的默认首页面，该操作会立即生效。

```
[root@centos ~]# echo "Welcome To test.com" > /var/www/html/index.html
[root@centos ~]# firefox
```

在执行上述操作之后，再在 Firefox 浏览器中刷新 httpd 服务程序，可以看到该程序的首页面内容已经发生了改变，如图 12-4 所示。

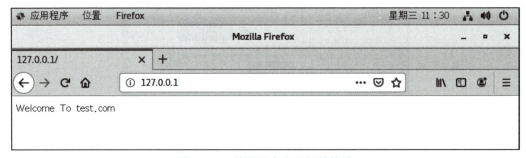

图 12-4 首页面内容已经被修改

在默认情况下，网站数据是保存在/var/www/html 目录中的，如果想把保存网站数据的目录修改为/home/wwwroot，操作如下：

第1步：建立网站数据的保存目录，并创建首页文件。

```
[root@centos ~]# mkdir /home/wwwroot
[root@centos ~]# echo "The New Web Directory" > /home/wwwroot/index.html
```

第2步：打开 httpd 服务程序的主配置文件，将约第 119 行用于定义网站数据保存路径的参数 DocumentRoot 修改为/home/wwwroot，同时，还需要将约第 124 行与第 131 行用于定义目录权限的参数 Directory 后面的路径也修改为/home/wwwroot。配置文件修改完毕后，即可保存并退出。

```
[root@centos ~]# vim /etc/httpd/conf/httpd.conf
…
118 # documents. By default, all requests are taken from this directory, but
119 DocumentRoot "/home/wwwroot"
…
124 <Directory "/home/wwwroot" >
…
130 # Further relax access to the default document root:
131 <Directory "/home/wwwroot" >
…
```

第3步：重新启动 httpd 服务程序并验证效果，浏览器刷新页面后的内容如图 12 – 5 所示，提示权限不足了。

```
[root@centos ~]# systemctl restart httpd
[root@centos ~]# firefox
```

图 12 – 5　Web 页面提示权限不足

SELinux 服务的主配置文件中，定义的是 SELinux 的默认运行状态，可以将其理解为系统重启后的状态，因此它不会在更改后立即生效。可以使用 getenforce 命令获得当前 SELinux 服务的运行模式：

```
[root@centos ~]# getenforce
Enforcing
```

为了确认图 12 – 6 所示的结果确实是由于 SELinux 而导致的，可以用 setenforce [0 | 1] 命令修改 SELinux 当前的运行模式（0 为禁用，1 为启用）。注意，这种修改只是临时的，在系统重启后就会失效。

```
[root@centos ~]# setenforce 0
[root@centos ~]# getenforce
Permissive
```

再次刷新网页,就会看到正常的网页内容了,如图 12-6 所示。可见,问题确实是出在了 SELinux 服务上面。

```
[root@centos ~]# firefox
```

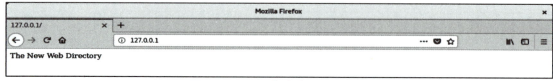

图 12-6　页面内容按照预期显示

任务 12.2　配置基于域名虚拟主机

【任务工单】任务工单 12-2:配置基于域名虚拟主机

任务名称	配置基于域名虚拟主机			
组别		成员	小组成绩	
学生姓名			个人成绩	
任务情境	系统管理员已按照任务 12.1 成功安装了 Apache 服务,现请你以系统管理员身份帮助用户完成基于域名虚拟主机的部署工作。			
任务目标	掌握基于域名虚拟主机的部署。			
任务要求	按本任务后面列出的具体任务内容,完成基于域名虚拟主机的部署工作。			
知识链接				
计划决策				
任务实施	1. 使用本地源安装 Apache 的步骤。 安装命令: 　`# yum install httpd -y` 2. 测试 Web 网站。			
检查	Apache 服务实现计算机间文件传输。			
实施总结				
小组评价				
任务点评				

项目 12　配置与管理 Apache 服务

【前导知识】

虚拟主机

虚拟主机可在一台服务器上运行多个 Web 站点。

三种设定虚拟主机的方式：

1. 基于域名的虚拟主机

只需服务器有一个 IP 地址即可，所有的虚拟主机共享同一个 IP，各虚拟主机之间通过域名进行区分。

但需要新版本的 HTTP 1.1 浏览器支持。这种方式已经成为建立虚拟主机的标准方式。

2. 基于 IP 的虚拟主机

需要在服务器上绑定多个 IP 地址，然后配置 Apache，把多个网站绑定在不同的 IP 地址上，访问服务器上不同的 IP 地址，就可以看到不同的网站。

3. 基于端口号的虚拟主机

只需服务器有一个 IP 地址即可，所有的虚拟主机共享同一个 IP，各虚拟主机之间通过不同的端口号进行区分。在设置基于端口号的虚拟主机的配置时，需要利用 Listen 语句设置所监听的端口。

【任务内容】

配置基于域名虚拟主机。

【任务实施】

1. 配置要求

根据表 12-3 所示的配置参数，搭建域名不同的两个虚拟主机。

表 12-3　配置参数

名称	IP 地址	端口	域名	站点主目录
WebA	192.168.100.20	80	www1.hj.edu	/var/www/web1/
WebB	192.168.10.20	80	www2.hj.edu	/var/www/web2/

2. 配置步骤

①创建所需的目录和默认首页文件。

```
[root@centos ~]# # mkdir -p /var/www/web1 /var/www/web2
[root@centos ~]# echo "this is www1.hj.edu's web" > /var/www/web1/index.html
[root@centos ~]# echo "this is www2.hj.edu's web" > /var/www/web2/index.html
```

②复制虚拟主机配置文件的样本文件→编辑虚拟主机配置文件→重启 httpd 服务。

237

```
[root@centos ~]# cp /usr/share/doc/httpd-2.4.6/httpd-vhosts.conf /etc/httpd/conf.d/
[root@centos ~]# vim /etc/httpd/conf.d/httpd-vhosts.conf
<VirtualHost 192.168.100.20>
    DocumentRoot /var/www/web1
    ServerName www1.hj.edu
</VirtualHost>
<VirtualHost 192.168.100.20>
      DocumentRoot /var/www/web2
      ServerName www2.hj.edu
</VirtualHost>
[root@centos ~]# systemctl restart httpd.service
```

③为了实现用域名访问虚拟主机,通过编辑/etc/hosts 文件添加域名解析记录。

```
[root@centos ~]# vim /etc/hosts
192.168.100.20 www1.hj.edu www2.hj.edu
```

④启动浏览器,在地址栏分别输入两个虚拟主机的域名,则会显示各自的网站首页,如图 12-7 所示。

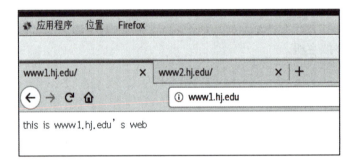

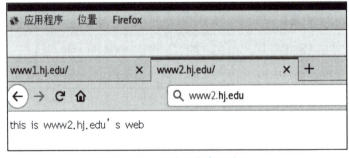

图 12-7 测试两个虚拟主机

【知识考核】

1. 填空题

(1) Web 服务器使用的协议是_____,英文全称是_____,中文名称是_____。

（2）HTTP 请求的默认端口是＿＿＿＿＿＿＿。

（3）Red Hat Enterprise Linux 6 采用了 SELinux 这种增强的安全模式，在默认的配置下，只有＿＿＿＿＿＿＿服务可以通过。

（4）在命令行控制台窗口输入＿＿＿＿＿＿＿命令打开 Linux 配置工具选择窗口。

2．选择题

（1）（　　）命令可以用于配置 Red Hat Linux 启动时自动启动 httpd 服务。

A．service　　　　　B．Ntsysv　　　　　C．useradd　　　　　D．startx

（2）在 Red Hat Linux 中手工安装 Apache 服务器时，默认的 Web 站点的目录为（　　）。

A．/etc/httpd　　　B．/var/www/html　　C．/etc/home　　　　D．/home/httpd

（3）对于 Apache 服务器，提供的子进程的默认的用户是（　　）。

A．root　　　　　　B．apached　　　　　C．httpd　　　　　　D．nobody

（4）世界上排名第一的 Web 服务器是（　　）。

A．Apache　　　　　B．IIS　　　　　　　C．SunONE　　　　　D．NCSA

（5）Apache 服务器默认的工作方式是（　　）。

A．inetd　　　　　　B．xinetd　　　　　　C．standby　　　　　D．standalone

（6）用户主页存放的目录由文件 httpd.conf 的（　　）参数设定。

A．UserDir　　　　　B．Directory　　　　C．public_html　　　D．DocumentRoot

（7）设置 Apache 服务器时，一般将服务的端口绑定到系统的（　　）端口上。

A．10000　　　　　　B．23　　　　　　　　C．80　　　　　　　　D．53

（8）（　　）不是 Apahce 基于主机的访问控制指令。

A．allow　　　　　　B．deny　　　　　　　C．order　　　　　　　D．all

（9）用来设定当服务器产生错误时，显示在浏览器上的管理员的 E-mail 地址的是（　　）。

A．Servername　　　B．ServerAdmin　　　C．ServerRoot　　　　D．DocumentRoot

（10）在 Apache 基于用户名的访问控制中，生成用户密码文件的命令是（　　）。

A．smbpasswd　　　　B．htpasswd　　　　　C．passwd　　　　　　D．password

3．实践题

（1）建立 Web 服务器，同时建立一个名为/mytest 的虚拟目录，并完成以下设置：

设置 Apache 根目录为/etc/httpd。

设置首页名称为 test.html。

设置超时时间为 240 s。

设置客户端连接数为 500。

设置管理员 E-mail 地址为 root@smile.com。

虚拟目录对应的实际目录为/linux/apache。

将虚拟目录设置为仅允许 192.168.0.0/24 网段的客户端访问。

分别测试 Web 服务器和虚拟目录。

（2）在文档目录中建立 security 目录，并完成以下设置：

对该目录启用用户认证功能。

仅允许 user1 和 user2 账号访问。

更改 Apache 默认监听的端口，将其设置为 8080。

将允许 Apache 服务的用户和组设置为 nobody。

禁止使用目录浏览功能。

使用 chroot 机制改变 Apache 服务的根目录。

（3）建立虚拟主机，并完成以下设置：

建立 IP 地址为 192.168.0.1 的虚拟主机 1，对应的文档目录为/usr/local/www/web1。

仅允许来自 smile.com 域的客户端可以访问虚拟主机 1。

建立 IP 地址为 192.168.0.2 的虚拟主机 2，对应的文档目录为/usr/local/www/web2。

仅允许来自 long.com 域的客户端可以访问虚拟主机 2。

项目 13

配置与管理E-mail服务

【项目导读】

电子邮件（E-mail）系统是在日常工作、生活中最常用的网络服务。本项目将首先介绍电子邮件系统的起源，然后介绍 SMTP、POP3、IMAP4 等常见的电子邮件协议，以及 MUA、MTA、MDA 这 3 种服务角色的作用。本项目讲解在 Linux 系统中使用 Postfix 和 Dovecot 服务程序配置电子邮件系统服务的方法、常用的配置参数，验证客户端主机与服务器之间的邮件收发功能。

【项目目标】

➢ 理解电子邮件系统的组成；
➢ 熟悉电子邮件相关协议；
➢ 学会安装和配置 Postfix；
➢ 学会安装和配置 Dovecot。

【项目地图】

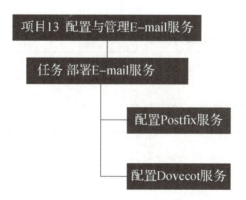

任务　部署 E-mail 服务

【任务工单】任务工单：部署 E-mail 服务

任务名称	部署 E-mail 服务			
组别		成员	小组成绩	
学生姓名			个人成绩	
任务情境	用户需要使用 Postfix 和 Dovecot 服务程序配置电子邮件系统服务，现请你以系统管理员身份帮助用户完成 E-mail 服务的部署工作。			
任务目标	掌握 E-mail 服务的部署。			
任务要求	按本任务后面列出的具体任务内容，完成 E-mail 服务的部署工作。			
知识链接				
计划决策				

任务实施	1. 使用本地源安装 Postfix 的步骤。
	安装命令：
	`# yum install postfix -y`
	2. 使用本地源安装 Dovecot 的步骤。
	安装命令：
	`# yum install dovecot -y`
	3. 测试邮件的收发。			

检查	E-mail 服务实现邮件的收发。			
实施总结				
小组评价				
任务点评				

【前导知识】

电子邮件系统

电子邮件系统基于邮件协议来完成电子邮件的传输，常见的邮件协议如下：

简单邮件传输协议（Simple Mail Transfer Protocol，SMTP）：用于发送和中转发出的电子邮件，占用服务器的 TCP 25 端口。

邮局协议版本 3（Post Office Protocol 3）：用于将电子邮件存储到本地主机，占用服务器的 TCP 110 端口。

Internet 消息访问协议版本 4（Internet Message Access Protocol 4）：用于在本地主机上访问邮件，占用服务器的 TCP 143 端口。

在电子邮件系统中，为用户收发邮件的服务器名为邮件用户代理（Mail User Agent，MUA）。让用户在离线的情况下完成数据的接收、保存用户邮件的服务器为邮件投递代理（Mail Delivery Agent，MDA），是把来自邮件传输代理（Mail Transfer Agent，MTA）的邮件保存到本地的收件箱中。MTA 是转发处理不同电子邮件服务供应商之间的邮件，把来自 MUA 的邮件转发到合适的 MTA 服务器。电子邮件的传输过程如图 13-1 所示。

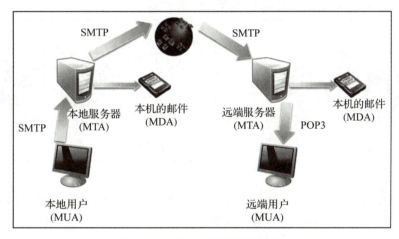

图 13-1　电子邮件的传输过程

通常网络服务程序在传输信息时需要双方同时保持在线，而在电子邮件系统中，用户发送邮件后，不必等待邮件被成功接收即可下线。如果对方邮件服务器（MTA）宕机或对方临时离线，则发邮件服务器（MTA）就会把要发送的内容自动地暂时保存到本地，等检测到对方邮件服务器恢复后，会立即再次投递，其间无须人员维护处理，随后收信人（MUA）就能在自己的信箱中找到这封邮件了。

在企业中部署企业级的电子邮件系统时，有如下 4 个注意事项：

①添加反垃圾与反病毒模块：它能够很有效地阻止垃圾邮件或病毒邮件对企业信箱的干扰。

②对邮件加密：可有效保护邮件内容不被黑客盗取和篡改。

③添加邮件监控审核模块：可有效地监控企业全体员工的邮件中是否有敏感词，是否有透露企业资料等违规行为。

④保障稳定性：电子邮件系统的稳定性至关重要，运维人员应做到保证电子邮件系统的稳定运行，并及时做好防范分布式拒绝服务（Distributed Denial of Service，DDoS）攻击的准备。

【任务内容】

1. Postfix 服务的安装。
2. Dovecot 服务的安装。
3. 验证邮件收发功能。

【任务实施】

1. 部署基础的电子邮件系统

基础的电子邮件系统需要提供发邮件服务和收邮件服务，为此，需要使用基于 SMTP 的 Postfix 服务程序提供发邮件服务功能，并使用基于 POP3 协议的 Dovecot 服务程序提供收邮件服务功能。电子邮件系统的工作流程如图 13-2 所示。

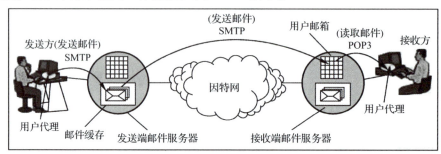

图 13-2 电子邮件系统的工作流程

邮箱地址类似于"root@test.com"的形式，是按照"用户名@主机地址（域名）"格式来规范的。如"root@192.168.100.30"的信息，看不出是邮箱地址，可能被当作 SSH 协议的连接信息。因此，要更好地部署电子邮件系统，需要先部署 DNS 服务，为电子邮件服务器和客户端提供 DNS 域名解析服务。

①配置服务器主机名称，需要保证服务器主机名称与发件域名保持一致。

```
[root@mail ~]# vim /etc/hostname
mail.test.com
[root@mail ~]# hostname
mail.test.com
```

修改主机名称文件后，如果没有立即生效，可以重启服务器；或者再执行一条"hostnamectl set-hostname mail.test.com"命令，立即设置主机名称。

②清空 iptables 防火墙默认策略，并保存策略状态，避免因防火墙中默认存在的策略阻止了客户端 DNS 解析域名及收发邮件。

```
[root@mail ~]# iptables -F
[root@mail ~]# iptables-save
```

配置 firewalld 防火墙，把 DNS 协议加入 firewalld 防火墙的允许列表中。

```
[root@mail ~]# firewall-cmd --permanent --zone=public --add-service=dns
success
[root@mail ~]# firewall-cmd --reload
success
```

③为电子邮件系统提供域名解析。前面已经学习了 bind-chroot 服务程序的配置方法，因此这里只提供主配置文件、区域配置文件和域名数据文件的配置内容，其余配置步骤请自行完成。

```
[root@mail ~]# yum install bind-chroot -y
[root@mail ~]# vim /etc/named.conf
 1 //
 2 //named.conf
 3 //
 4 // Provided by Red Hat bind package to configure the ISC BIND named(8) DNS
 5 //server as a caching only nameserver (as a localhost DNS resolver only).
 6 //
 7 // See /usr/share/doc/bind*/sample/ for example named configuration files.
 8 //
 9
10 options {
11         1listen-on port 53 { any; };
12         //listen-on-v6 port 53 { ::1; };
13         directory          "/var/named";
14         dump-file          "/var/named/data/cache_dump.db";
15         statistics-file    "/var/named/data/named_stats.txt";
16         memstatistics-file "/var/named/data/named_mem_stats.txt";
17         secroots-file      "/var/named/data/named.secroots";
18         recursing-file     "/var/named/data/named.recursing";
19         allow-query        { any; };
20
1………
[root@mail ~]# vim /etc/named.rfc1912.zones
//文件原内容删除,再添加以下内容
zone "test.com" IN {
        type master;
        file "test.com.zon";
        allow-update {none;};
};
```

建议在复制正向解析模板文件时，在 cp 命令后面追加 -a 参数，以便让新文件继承原文件的属性和权限信息。

```
[root@mail ~]# cp -a /var/named/named.localhost /var/named/test.com.zon
[root@mail ~]# cat /var/named/test.com.zon
```

```
$TTL 1D
@       IN SOA test.com. admin.test.com. (
                                        0       ; serial
                                        1D      ; refresh
                                        1H      ; retry
                                        1W      ; expire
                                        3H )    ; minimum
        NS      ns.test.com.
ns      IN A 192.168.100.30
@       IN MX 10 mail.test.com.
mail    IN A 192.168.100.30
```

保存后，重启服务。

```
[root@mail ~]# systemctl restart named
[root@mail ~]# systemctl enable named
Created symlink /etc/systemd/system/multi-user.target.wants/named.service →
/usr/lib/systemd/system/named.service.
```

④修改/etc/sysconfig/network-scripts/ifcfg-ens32 中 DNS 为 DNS 服务器 IP 地址（192.168.100.30），重启网络。

⑤测试，对主机名执行 ping 命令，若能 ping 通，则证明上述操作全部正确。注意，在执行 ping 操作时，也会获得主机名对应的 IP 地址，证明上述操作全部正确。

```
[root@mail ~]# ping -c 4 mail.test.com
PING mail.test.com (192.168.100.30) 56(84) bytes of data.
64 bytes from slave (192.168.100.30): icmp_seq=1 ttl=64 time=0.008 ms
64 bytes from slave (192.168.100.30): icmp_seq=2 ttl=64 time=0.030 ms
64 bytes from slave (192.168.100.30): icmp_seq=3 ttl=64 time=0.030 ms
^C
--- mail.test.com ping statistics ---
3 packets transmitted, 3 received, 0% packet loss, time 2002ms
rtt min/avg/max/mdev = 0.008/0.022/0.030/0.011 ms
```

2. 配置 Postfix 服务程序

Postfix 是一款由 IBM 资助研发的免费开源电子邮件服务程序，能够很好地兼容 Sendmail 服务程序，可以方便 Sendmail 用户迁移到 Postfix 服务上。Postfix 服务程序的邮件收发能力强于 Sendmail 服务，而且能通过自动增加、减少进程的数量来保证电子邮件系统的高性能与稳定性。另外，Postfix 服务程序由许多小模块组成，每个小模块都可以完成特定的功能，因此可在生产工作环境中根据需求灵活搭配。

①安装 Postfix 服务程序。

```
[root@mail ~]# yum install postfix -y
Updating Subscription Management repositories.
```

```
Unable to read consumer identity
This system is not registered to Red Hat Subscription Management. You can use sub-
scription-manager to register.
Last metadata expiration check: 0:10:38 ago on Mon 29 Mar 2021 06:40:32 AM CST.
Dependencies resolved.
=================================================================================
 Package              Arch             Version              Repository          Size
=================================================================================
Installing:
 postfix              x86_64           2:3.3.1-8.el8        BaseOS              1.5 M

Transaction Summary
=================================================================================
Install 1 Package
……
Installed:
  postfix-2:3.3.1-8.el8.x86_64
Complete!
```

②配置 Postfix 服务程序。首次看到 Postfix 服务程序主配置文件（/etc/postfix/main.cf），有 738 行左右的内容，其中绝大多数是注释信息，总结出了 7 个最应该掌握的参数，见表13-1。

表 13-1　Postfix 服务程序主配置文件中的重要参数

参数	作用
myhostname	邮局系统的主机名
mydomain	邮局系统的域名
myorigin	从本机发出邮件的域名名称
inet_interfaces	监听的网卡接口
mydestination	可接收邮件的主机名或域名
mynetworks	设置可转发哪些主机的邮件
relay_domains	设置可转发哪些网域的邮件

在 Postfix 服务程序的主配置文件中，总计需要修改 5 处。首先是在第 75 行定义一个名为 myhostname 的变量，用来保存服务器的主机名称。请记住这个变量，下面的参数需要调用它。

```
[root@mail ~]# vim /etc/postfix/main.cf
 66
 67 # INTERNET HOST AND DOMAIN NAMES
 68 #
 69 # The myhostname parameter specifies the internet hostname of this
 70 # mail system. The default is to use the fully-qualified domain name
 71 # from gethostname(). $myhostname is used as a default value for many
 72 # other configuration parameters.
 73 #
```

```
74 #myhostname = host.domain.tld
75 myhostname = mail.test.com
76
```

在第 82 行定义一个名为 mydomain 的变量,用来保存邮件域的名称。记住这个变量名称,下面将调用它。

```
77 # The mydomain parameter specifies the local internet domain name.
78 # The default is to use $myhostname minus the first component.
79 # $mydomain is used as a default value for many other configuration
80 # parameters.
81 #
82 mydomain = test.com
83
```

在第 99 行调用前面的 mydomain 变量,用来定义发出邮件的域。调用变量的好处是避免重复写入信息,以及便于日后统一修改。

```
94 # For the sake of consistency between sender and recipient addresses,
95 # myorigin also specifies the default domain name that is appended
96 # to recipient addresses that have no @domain part.
97 #
98 #myorigin = $myhostname
99 myorigin = $mydomain
100
```

第 4 处修改是在第 116 行定义网卡监听地址。可以指定要使用服务器的哪些 IP 地址对外提供电子邮件服务;all 表示所有 IP 地址都能提供电子邮件服务。

```
113 #inet_interfaces = all
114 #inet_interfaces = $myhostname
115 #inet_interfaces = $myhostname, localhost
116 inet_interfaces = all
117
```

最后一处修改是在第 164 行定义可接收邮件的主机名或域名列表。可以直接调用前面定义好的 myhostname 和 mydomain 变量。

```
164 mydestination = $myhostname, $mydomain
165 #mydestination = $myhostname, localhost.$mydomain, localhost, $mydomain
166 #mydestination = $myhostname, localhost.$mydomain, localhost, $mydomain,
167 #mail.$mydomain, www.$mydomain, ftp.$mydomain
168
```

③创建电子邮件系统的登录账户。postfix 与 vsftpd 服务程序一样,都可以调用本地系统的账户和密码,因此,在本地系统创建常规账户即可。最后重启配置妥当的 postfix 服务程

序,并将其添加到开机启动项中,这样就配置完成 Postfix。

```
[root@mail ~]# useradd liu
[root@mail ~]# echo "linux" |passwd --stdin liu
Changing password for user liu.
passwd: all authentication tokens updated successfully.
[root@mail ~]# systemctl restart postfix
[root@mail ~]# systemctl enable postfix
Created symlink /etc/systemd/system/multi-user.target.wants/postfix.service → /usr/lib/systemd/system/postfix.service.
[root@mail ~]# systemctl status postfix
● postfix.service - Postfix Mail Transport Agent
  Loaded: loaded (/usr/lib/systemd/system/postfix.service; enabled; vendor preset: disabled)
  Active: active (running) since 三 2022-07-20 16:39:26 CST; 15s ago
```

3. 配置 Dovecot 服务程序

Dovecot 是一款能够为 Linux 系统提供 IMAP 和 POP3 电子邮件服务的开源服务程序,安全性极高,配置简单,执行速度快,而且占用的服务器硬件资源也较少,因此是一款值得推荐的收邮件服务程序。

①安装 Dovecot 服务程序软件包。

```
[root@mail ~]# yum install -y dovecot
Updating Subscription Management repositories.
Unable to read consumer identity
This system is not registered to Red Hat Subscription Management. You can use subscription-manager to register.
Last metadata expiration check: 0:49:52 ago on Mon 29 Mar 2021 06:40:32 AM CST.
Dependencies resolved.
=================================================================================
 Package                Arch        Version                          Repository    Size
=================================================================================
Installing:
 dovecot                x86_64      1:2.2.36-5.el8                   AppStream    4.6 M
Installing dependencies:
 clucene-core           x86_64      2.3.3.4-31.20130812.e8e3d20git.el8  AppStream 590 k

Transaction Summary
=================================================================================
Install 2 Packages
```

```
.........
Installed:
  dovecot-1:2.2.36-5.el8.x86_64
  clucene-core-2.3.3.4-31.20130812.e8e3d20git.el8.x86_64
Complete!
```

②配置部署 Dovecot 服务程序。在 Dovecot 服务程序的主配置文件中进行如下修改。首先是第 24 行，把 Dovecot 服务程序支持的电子邮件协议修改为 IMAP、POP3 和 IMTP。然后在这一行下面添加一行参数，允许用户使用明文进行密码验证。Dovecot 服务程序为了保证电子邮件系统的安全而默认强制用户使用加密方式进行登录，而由于当前还没有加密系统，因此需要添加该参数来允许用户的明文登录。

```
[root@mail ~]# vim /etc/dovecot/dovecot.conf
...
 22
 23 # Protocols we want to be serving.
 24 protocols = imap pop3 lmtp
 25 disable_plaintext_auth = no
 26
.........
```

在主配置文件的第 49 行，设置允许登录的网段地址，也就是说，可以在这里限制只有来自某个网段的用户才能使用电子邮件系统。如果想允许所有人都能使用，则不用修改本参数，修改好主配置文件，保存退出。

```
 44
 45 # Space separated list of trusted network ranges. Connections from these
 46 # IPs are allowed to override their IP addresses and ports (for logging and
 47 # for authentication checks). disable_plaintext_auth is also ignored for
 48 # these networks. Typically you'd specify your IMAP proxy servers here.
 49 login_trusted_networks = 192.168.100.0/24
 50
```

③配置邮件格式与存储路径。在 Dovecot 服务程序单独的子配置文件中，定义一个路径，用于指定要将收到的邮件存放到服务器本地的位置。这个路径默认已经定义好了，只需要将该配置文件中第 25 行前面的井号（#）删除即可。

```
[root@mail ~]# vim /etc/dovecot/conf.d/10-mail.conf
 24 # mail_location = maildir:~/Maildir
 25   mail_location = mbox:~/mail:INBOX=/var/mail/%u
 26 # mail_location = mbox:/var/mail/%d/%1n/%n:INDEX=/var/indexes/%d/%1n/%n
.........
```

④切换到配置 Postfix 服务程序时创建的 liu 账户，并在家目录中建立用于保存邮件的目

录。记得要重启 Dovecot 服务并将其添加到开机启动项中。至此，对 Dovecot 服务程序的配置部署步骤全部结束。

```
[root@mail ~]# su - liu
[liu@mail ~]$ mkdir -p mail/.imap/INBOX
[liu@mail ~]$ exit
Logout
[root@mail ~]# systemctl restart dovecot
[root@mail ~]# systemctl enable dovecot
Created symlink /etc/systemd/system/multi-user.target.wants/dovecot.service → /usr/lib/systemd/system/dovecot.service.
```

⑤邮件协议在防火墙中的策略予以放行，这样客户端就能正常访问了。

```
[root@mail ~]# firewall-cmd --permanent --zone=public --add-service=imap
success
[root@mail ~]# firewall-cmd --permanent --zone=public --add-service=pop3
success
[root@mail ~]# firewall-cmd --permanent --zone=public --add-service=smtp
success
[root@mail ~]# firewall-cmd --reload
success
```

4. 使用 Linux 客户端测试邮件系统

使用 Linux 客户端测试邮件系统，客户端需把 DNS 设置为邮件服务器的 IP 地址，这里即 192.168.100.30，重启网络，再测试收发邮件。

①安装 Telnet 服务，如图 13-3 所示。

图 13-3　安装 Telnet

```
[root@client ~]# yum -y install telnet
```

②Telnet 连接邮件服务器 25 端口，发送邮件，如图 13-4 所示。

图 13-4　Telnet 连接邮件服务器 25 端口

```
[root@client ~]# telnet mail.test.com 25
Trying 192.168.100.30...
Connected to mail.test.com.
Escape character is '^]'.
220 mail.test.com ESMTP Postfix
mail from:admin@test.com
250 2.1.0 Ok
rcpt to:liu
250 2.1.5 Ok
data
354 End data with <CR><LF>.<CR><LF>
hello,this is test mail.
.
250 2.0.0 Ok: queued as 5689B1163174
quit
221 2.0.0 Bye
Connection closed by foreign host.
```

③接收邮件，并查看邮件内容，如图 13-5 所示。

```
[root@client ~]# telnet mail.test.com 110
Trying 192.168.100.30...
Connected to mail.test.com.
Escape character is '^]'.
+OK [XCLIENT] Dovecot ready.
user liu
+OK
```

```
pass linux
+OK Logged in.
list
+OK 1 messages:
1 264
.
retr 1
+OK 264 octets
Return-Path: <admin@test.com>
X-Original-To: liu
Delivered-To: liu@test.com
Received: from unknown (unknown [192.168.100.20])
        by mail.test.com (Postfix) with SMTP id 5689B1163174
        for <liu>; Wed, 20 Jul 2022 17:08:42 +0800 (CST)

hello,this is test mail.
.
quit
+OK Logging out.
Connection closed by foreign host.
```

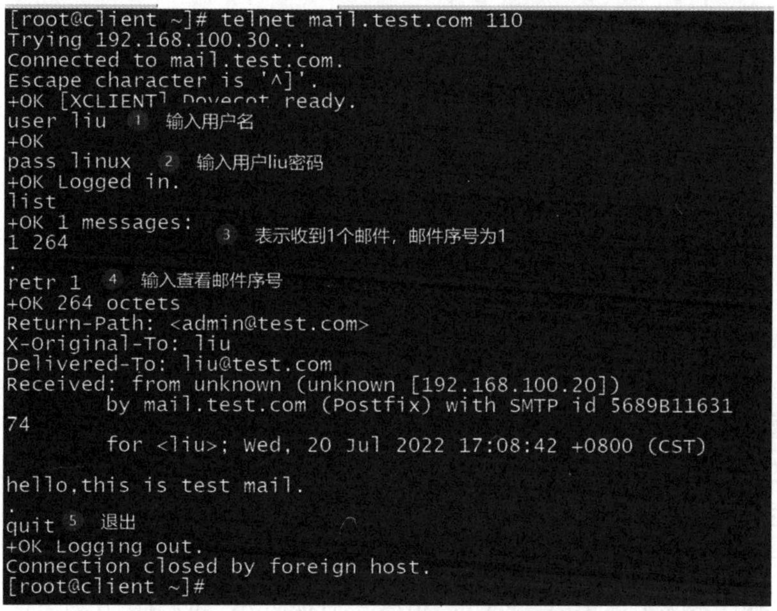

图 13-5 使用 110 端口查看邮件内容

【知识考核】

1. 填空题

（1）电子邮件地址的格式是 user@ RHEL6. com。一个完整的电子邮件由 3 部分组成，第 1 部分代表_____，第 2 部分是_____，第 3 部分是_____。

（2）Linux 系统中的电子邮件系统包括 3 个组件：_____、_____和_____。

（3）常用的与电子邮件相关的协议有_____、_____和_____。
（4）SMTP 工作在 TCP 协议上默认端口为_____，POP3 默认工作在 TCP 协议的_____端口。

2. 选择题

（1）（　　）协议用来将电子邮件下载到客户机。
A. SMTP　　　　B. IMAP4　　　　C. POP3　　　　D. MIME

（2）利用 Access 文件设置邮件中继需要转换 access.db 数据库，需要使用命令（　　）。
A. postmap　　　B. m4　　　　　C. access　　　　D. macro

（3）用来控制 Postfix 服务器邮件中继的文件是（　　）。
A. main.cf　　　B. postfix.cf　　C. postfix.conf　　D. access.db

（4）邮件转发代理也称邮件转发服务器，可以使用 SMTP，也可以使用（　　）。
A. FTP　　　　　B. TCP　　　　　C. UUCP　　　　D. POP

（5）（　　）不是邮件系统的组成部分。
A. 用户代理　　　B. 代理服务器　　C. 传输代理　　　D. 投递代理

（6）Linux 下可用的 MTA 服务器有（　　）。
A. Postfix　　　B. qmail　　　　C. imap　　　　　D. sendmail

（7）Postfix 常用 MTA 软件有（　　）。
A. sendmail　　　B. postfix　　　C. qmail　　　　D. exchange

（8）Postfix 的主配置文件是（　　）。
A. postfix.cf　　B. main.cf　　　C. access　　　　D. local-host-name

（9）Access 数据库中访问控制操作有（　　）。
A. OK　　　　　B. REJECT　　　C. DISCARD　　　D. RELAY

（10）默认的邮件别名数据库文件是（　　）。
A. /etc/names
B. /etc/aliases
C. /etc/postfix/aliases
D. /etc/hosts

3. 简答题

（1）简述电子邮件系统的构成。
（2）简述电子邮件的传输过程。
（3）电子邮件服务与 HTTP、FTP、NFS 等程序的服务模式的最大区别是什么？
（4）电子邮件系统中，MUA、MTA、MDA 三种服务角色的用途分别是什么？
（5）能否让 Dovecot 服务程序限制允许连接的主机范围？
（6）如何定义用户别名信箱以及让其立即生效？如何设置群发邮件。

4. 实践题

假设邮件服务器的 IP 地址为 192.168.0.3，域名为 mail.smile.com。请构建 POP3 和 SMTP 服务器，为局域网中的用户提供电子邮件；邮件要能发送到 Internet 上，同时，Internet 上的用户也能把邮件发到企业内部用户的邮箱。要设置邮箱的最大容量为 100 MB，收发邮件最大为 20 MB，并提供反垃圾邮件功能。